计算机基础与实训教材系列

中文版

CorelDRAW X8平面设计

实用教程

高娟妮 编著

U0283850

清华大学出版社

北 京

内 容 简 介

本书由浅入深、循序渐进地介绍了 Corel 公司推出的 CorelDRAW X8 的基本功能和使用技巧。全书共分 10 章，分别介绍了 CorelDRAW X8 基础操作，绘制图形对象，编辑图形对象，图形对象操作，编辑对象填充与轮廓，文本的输入与处理，创建图形效果，图层和样式的应用，编辑位图，表格的创建与处理等内容。

本书内容丰富，结构清晰，语言简练，图文并茂，具有很强的实用性和可操作性，是一本适用于大中专院校、职业学校及各类社会培训学校的优秀教材，也是广大初、中级电脑用户的自学参考书。

本书对应的电子教案、实例源文件和习题答案可以到 http://www.tupwk.com.cn/edu 网站下载。

图书在版编目(CIP)数据

中文版 CorelDRAW X8 平面设计实用教程 / 高娟妮 编著. 一北京：清华大学出版社，2017（2022.9重印）
(计算机基础与实训教材系列)
ISBN 978-7-302-46388-7

Ⅰ.①中… Ⅱ.①高… Ⅲ. ①图形软件—教材 Ⅳ. ①TP391.412

中国版本图书馆 CIP 数据核字(2017)第 021747 号

责任编辑：胡辰浩 马玉萍
装帧设计：孔祥峰
责任校对：成凤进
责任印制：曹婉颖

出版发行：清华大学出版社
　　　　　网　　址：http://www.tup.com.cn，http://www.wqbook.com
　　　　　地　　址：北京清华大学学研大厦 A 座　　　　邮　编：100084
　　　　　社 总 机：010- 83470000　　　　　　　　　　邮　购：010-62786544
　　　　　投稿与读者服务：010-62776969，c-service@tup.tsinghua.edu.cn
　　　　　质 量 反 馈：010-62772015，zhiliang@tup.tsinghua.edu.cn
　　　　　课 件 下 载：http://www.tup.com.cn，010-62781730
印 装 者：三河市龙大印装有限公司
经　　销：全国新华书店
开　　本：190mm×260mm　　　　印　张：19.25　　　字　数：505 千字
版　　次：2017 年 2 月第 1 版　　印　次：2022 年 9 月第 4 次印刷
定　　价：69.00 元

产品编号：070403-03

编审委员会

计算机基础与实训教材系列

主任：闪四清　北京航空航天大学

委员：(以下编委顺序不分先后，按照姓氏笔画排列)

丛 书 序

计算机基础与实训教材系列

计算机已经广泛应用于现代社会的各个领域，熟练使用计算机已经成为人们必备的技能之一。因此，如何快速地掌握计算机知识和使用技术，并应用于现实生活和实际工作中，已成为新世纪人才迫切需要解决的问题。

为适应这种需求，各类高等院校、高职高专、中职中专、培训学校都开设了计算机专业的课程，同时也将非计算机专业学生的计算机知识和技能教育纳入教学计划，并陆续出台了相应的教学大纲。基于以上因素，清华大学出版社组织一线教学精英编写了这套"计算机基础与实训教材系列"丛书，以满足大中专院校、职业院校及各类社会培训学校的教学需要。

一、丛书书目

本套教材涵盖了计算机各个应用领域，包括计算机硬件知识、操作系统、数据库、编程语言、文字录入和排版、办公软件、计算机网络、图形图像、三维动画、网页制作以及多媒体制作等。众多的图书品种可以满足各类院校相关课程设置的需要。

⊙　已出版的图书书目

《计算机基础实用教程（第三版）》	《Excel 财务会计实战应用（第三版）》
《计算机基础实用教程（Windows 7+Office 2010 版）》	《Excel 财务会计实战应用（第四版）》
《新编计算机基础教程（Windows 7+Office 2010）》	《Word+Excel+PowerPoint 2010 实用教程》
《电脑入门实用教程（第三版）》	《中文版 Word 2010 文档处理实用教程》
《电脑办公自动化实用教程（第三版）》	《中文版 Excel 2010 电子表格实用教程》
《计算机组装与维护实用教程（第三版）》	《中文版 PowerPoint 2010 幻灯片制作实用教程》
《中文版 Office 2007 实用教程》	《Access 2010 数据库应用基础教程》
《中文版 Word 2007 文档处理实用教程》	《中文版 Access 2010 数据库应用实用教程》
《中文版 Excel 2007 电子表格实用教程》	《中文版 Project 2010 实用教程》
《中文版 PowerPoint 2007 幻灯片制作实用教程》	《中文版 Office 2010 实用教程》
《中文版 Access 2007 数据库应用实例教程》	《Office 2013 办公软件实用教程》
《中文版 Project 2007 实用教程》	《中文版 Word 2013 文档处理实用教程》
《网页设计与制作（Dreamweaver+Flash+Photoshop）》	《中文版 Excel 2013 电子表格实用教程》
《ASP.NET 4.0 动态网站开发实用教程》	《中文版 PowerPoint 2013 幻灯片制作实用教程》
《ASP.NET 4.5 动态网站开发实用教程》	《Access 2013 数据库应用基础教程》
《多媒体技术及应用》	《中文版 Access 2013 数据库应用实用教程》

《中文版 Office 2013 实用教程》	《中文版 Photoshop CC 图像处理实用教程》
《AutoCAD 2014 中文版基础教程》	《中文版 Flash CC 动画制作实用教程》
《中文版 AutoCAD 2014 实用教程》	《中文版 Dreamweaver CC 网页制作实用教程》
《AutoCAD 2015 中文版基础教程》	《中文版 InDesign CC 实用教程》
《中文版 AutoCAD 2015 实用教程》	《中文版 Illustrator CC 平面设计实用教程》
《AutoCAD 2016 中文版基础教程》	《中文版 CorelDRAW X7 平面设计实用教程》
《中文版 AutoCAD 2016 实用教程》	《中文版 Photoshop CC 2015 图像处理实用教程》
《中文版 Photoshop CS6 图像处理实用教程》	《中文版 Flash CC 2015 动画制作实用教程》
《中文版 Dreamweaver CS6 网页制作实用教程》	《中文版 Dreamweaver CC 2015 网页制作实用教程》
《中文版 Flash CS6 动画制作实用教程》	《Photoshop CC 2015 基础教程》
《中文版 Illustrator CS6 平面设计实用教程》	《中文版 3ds Max 2012 三维动画创作实用教程》
《中文版 InDesign CS6 实用教程》	《Mastercam X6 实用教程》
《中文版 Premiere Pro CS6 多媒体制作实用教程》	《Windows 8 实用教程》
《中文版 Premiere Pro CC 视频编辑实例教程》	《计算机网络技术实用教程》
《中文版 Illustrator CC 2015 平面设计实用教程》	《Oracle Database 11g 实用教程》
《AutoCAD 2017 中文版基础教程	《中文版 AutoCAD 2017 实用教程》
《中文版 CorelDRAW X8 平面设计实用教程》	《中文版 InDesign CC 2015 实用教程》
《Oracle Database 12c 实用教程》	

二、丛书特色

1. 选题新颖，策划周全——为计算机教学量身打造

本套丛书注重理论知识与实践操作的紧密结合，同时突出上机操作环节。丛书作者均为各大院校的教学专家和业界精英，他们熟悉教学内容的编排，深谙学生的需求和接受能力，并将这种教学理念充分融入本套教材的编写中。

本套丛书全面贯彻"理论→实例→上机→习题"4 阶段教学模式，在内容选择、结构安排上更加符合读者的认知习惯，从而达到老师易教、学生易学的目的。

2. 教学结构科学合理、循序渐进——完全掌握"教学"与"自学"两种模式

本套丛书完全以大中专院校、职业院校及各类社会培训学校的教学需要为出发点，紧密结合学科的教学特点，由浅入深地安排章节内容，循序渐进地完成各种复杂知识的讲解，使学生

能够一学就会、即学即用。

对教师而言，本套丛书根据实际教学情况安排好课时，提前组织好课前备课内容，使课堂教学过程更加条理化，同时方便学生学习，让学生在学习完后有例可学、有题可练；对自学者而言，可以按照本书的章节安排逐步学习。

3. 内容丰富，学习目标明确——全面提升"知识"与"能力"

本套丛书内容丰富，信息量大，章节结构完全按照教学大纲的要求来安排，并细化了每一章内容，符合教学需要和计算机用户的学习习惯。在每章的开始，列出了学习目标和本章重点，便于教师和学生提纲挈领地掌握本章知识点，每章的最后还附带有上机练习和习题两部分内容，教师可以参照上机练习，实时指导学生进行上机操作，使学生及时巩固所学的知识。自学者也可以按照上机练习内容进行自我训练，快速掌握相关知识。

4. 实例精彩实用，讲解细致透彻——全方位解决实际遇到的问题

本套丛书精心安排了大量实例讲解，每个实例解决一个问题或是介绍一项技巧，以便读者在最短的时间内掌握计算机应用的操作方法，从而能够顺利解决实践工作中的问题。

范例讲解语言通俗易懂，通过添加大量的"提示"和"知识点"的方式突出重要知识点，以便加深读者对关键技术和理论知识的印象，使读者轻松领悟每一个范例的精髓所在，提高读者的思考能力和分析能力，同时也加强了读者的综合应用能力。

5. 版式简洁大方，排版紧凑，标注清晰明确——打造一个轻松阅读的环境

本套丛书的版式简洁、大方，合理安排图与文字的占用空间，对于标题、正文、提示和知识点等都设计了醒目的字体符号，读者阅读起来会感到轻松愉快。

三、读者定位

本丛书为所有从事计算机教学的老师和自学人员而编写，是一套适合于大中专院校、职业院校及各类社会培训学校的优秀教材，也可作为计算机初、中级用户和计算机爱好者学习计算机知识的自学参考书。

四、周到体贴的售后服务

为了方便教学，本套丛书提供精心制作的 PowerPoint 教学课件(即电子教案)、素材、源文件、习题答案等相关内容，可在网站上免费下载，也可发送电子邮件至 wkservice@vip.163.com 索取。

此外，如果读者在使用本系列图书的过程中遇到疑惑或困难，可以在丛书支持网站(http://www.tupwk.com.cn/edu)的互动论坛上留言，本丛书的作者或技术编辑会及时提供相应的技术支持。咨询电话：010-62796045。

中文版 CorelDRAW 是目前流行的图形图像制作软件之一，它以简单直观的操作深受广大图形图像设计者的喜爱。它集图形图像设计、印刷排版、文字编辑处理和高品质图形输出于一体，广泛应用于专业绘图、产品包装、工业造型设计、文字效果创意、网页设计和 CI 企业形象识别设计等领域。

本书从教学实际需求出发，合理安排知识结构，从零开始、由浅入深、循序渐进地讲解 CorelDraw X8 的基本知识和使用方法，本书共分 10 章，主要内容如下。

第 1 章介绍了 CorelDRAW X8 的基本操作，包括工作区设置、文件管理、绘图页面和版面工具操作方法及技巧等内容。

第 2 章介绍了运用 CorelDRAW X8，绘制各种线条和形状的操作方法及技巧。

第 3 章介绍了 CorelDRAW X8 中，图形对象外观的编辑操作方法及技巧。

第 4 章介绍了 CorelDRAW X8 中，图形对象的基本编辑操作方法及技巧。

第 5 章介绍了 CorelDRAW X8 中，图形对象填充和轮廓线设置的操作方法及技巧。

第 6 章介绍了 CorelDRAW X8 中，添加、编辑、应用文本的操作方法及技巧。

第 7 章介绍了 CorelDRAW X8 中，各种图形效果的创建、编辑的操作方法及技巧。

第 8 章介绍了 CorelDRAW X8 中，图层和样式创建、编辑的操作方法及技巧。

第 9 章介绍了 CorelDRAW X8 中，位图的使用及编辑的操作方法及各种图像效果的设置方法及技巧。

第 10 章介绍了 CorelDRAW X8 中，表格的创建与编辑的操作方法及技巧。

本书图文并茂，条理清晰，通俗易懂，内容丰富，在讲解每个知识点时都配有相应的实例，方便读者上机实践。同时，在难于理解和掌握的部分内容上给出相关提示，让读者能够快速地提高操作技能。此外，本书配有大量综合实例和练习，让读者在不断的实际操作中更加牢固地掌握书中讲解的内容。

为了方便老师教学，我们免费提供本书对应的电子教案、实例源文件和习题答案，您可以到 http://www.tupwk.com.cn/edu 网站的相关页面上进行下载。

除封面署名的作者外，参加本书编写的人员还有陈笑、曹小震、高娟妮、李亮辉、洪妍、孔祥亮、陈跃华、杜思明、熊晓磊、曹汉鸣、陶晓云、王通、方峻、李小凤、曹晓松、蒋晓冬、邱培强等。由于作者水平所限，本书难免有不足之处，欢迎广大读者批评指正。我们的邮箱是 huchenhao@263.net，电话是 010-62796045。

作　　者
2016 年 12 月

推荐课时安排

章　名	重点掌握内容	教学课时
第 1 章　CorelDRAW X8 基础操作	1. 熟悉 CorelDRAW X8 工作区 2. 自定义 CorelDRAW X8 3. 文档基础操作 4. 页面的设置 5. 辅助工具的使用	4 学时
第 2 章　绘制图形对象	1. 使用绘图工具 2. 绘制几何图形	3 学时
第 3 章　编辑图形对象	1. 编辑对象路径 2. 分割图形 3. 修饰图形 4. 修整图形	4 学时
第 4 章　图形对象操作	1. 选择对象 2. 调整对象排列顺序 3. 复制对象 4. 对齐与分布对象 5. 变换对象 6. 图框精确裁剪对象	4 学时
第 5 章　编辑对象填充与轮廓	1. 使用调色板 2. 填充对象 3. 智能填充 4. 使用【网状填充】工具 5. 滴管工具 6. 使用【对象属性】泊坞窗	4 学时
第 6 章　文本的输入与处理	1. 添加文本 2. 选择文本对象 3. 设置文本格式 4. 文本的链接 5. 图文混排	2 学时

(续表)

章　名	重点掌握内容	教 学 课 时
第7章 创建图形效果	1. 阴影效果 2. 轮廓图效果 3. 调和效果 4. 变形效果 5. 封套效果 6. 立体化效果 7. 透明效果 8. 透镜效果	5学时
第8章 图层和样式的应用	1. 图层操作 2. 图形和文本样式 3. 颜色样式	3学时
第9章 编辑位图	1. 使用位图 2. 调整位图 3. 描摹位图 4. 艺术笔触	4学时
第10章 表格的创建与处理	1. 添加表格 2. 导入表格 3. 编辑表格	3学时

注：1. 教学课时安排仅供参考，授课教师可根据情况作调整。

2. 建议每章安排与教学课时相同时间的上机练习。

目录

计算机基础与实训教材系列

计算机 基础与实训教材系列

计算机 基础与实训教材系列

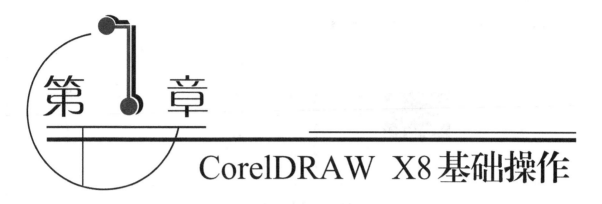

CorelDRAW X8 基础操作

学习目标

CorelDRAW X8 是由 Corel 公司推出的一款矢量绘图软件，使用它可以绘制图形、处理图像和编排版面等，因此其被广泛应用于平面设计、图形设计、电子出版物设计等诸多设计领域。本章主要介绍 CorelDRAW X8 的工作界面、文件管理、视图显示等基础知识内容。

本章重点

- ◉ 熟悉 CorelDraw X8 工作区
- ◉ 文档基础操作
- ◉ 页面的设置
- ◉ 辅助工具的使用

1.1 熟悉 CorelDRAW X8 工作区

CorelDRAW 是加拿大 Corel 公司推出的一款著名的矢量绘图软件。随着版本的不断完善和发展，其具备了强大而全面的图形编辑处理功能，成为应用最为广泛的平面设计软件之一。

1.1.1 启动 CorelDRAW X8

完成 CorelDRAW X8 应用程序的安装后，选择【开始】|【所有程序】| CorelDRAW Graphics Suite X8 | CorelDRAW X8 命令，即可启动应用程序。启动程序后，在工作区中会出现【欢迎屏幕】窗口。CorelDRAW X8 的【欢迎屏幕】窗口按不同的功能类别，以标签的形式展现，以便于用户查找和浏览。

默认状态下，【欢迎屏幕】的标签内容以图标的形式展现。单击标签栏顶部的 » 按钮，可以展开【欢迎屏幕】窗口，如图 1-1 所示。要在启动 CorelDRAW X8 时不显示【欢迎屏幕】窗口，可以在【欢迎屏幕】窗口中取消选中【启动时始终显示欢迎屏幕】复选框，在下次启动

CorelDRAW X8 时就不会显示【欢迎屏幕】窗口。

图 1-1　欢迎屏幕窗口

进入 CorelDRAW X8 工作区后，可以看到该工作区包括标题栏、菜单栏、标准工具栏、属性栏、工具箱、绘图页面等内容，如图 1-2 所示。

图 1-2　CorelDRAW X8 工作区

①.1.2　标题栏

标题栏位于应用程序窗口的最上方，用于显示当前打开文件的路径和名称，如图 1-3 所示。

图 1-3　标题栏

标题栏的左边为 CorelDRAW 的图标、版本名称和当前文件名，单击该图标可以打开窗口控制菜单，使用该菜单中的命令，可以移动、关闭、放大和缩小窗口；标题栏右边为与 Windows 应用程序风格一致的【最小化】、【最大化/还原】和【关闭】按钮。

1.3　菜单栏

菜单栏包括 CorelDRAW X8 中常用的各种命令。它们是【文件】、【编辑】、【视图】、【布局】、【对象】、【效果】、【位图】、【文本】、【表格】、【工具】、【窗口】和【帮助】共 12 组菜单命令，如图 1-4 所示。各菜单命令又包括应用程序中的各项功能命令。

| 文件(F) | 编辑(E) | 视图(V) | 布局(L) | 对象(C) | 效果(C) | 位图(B) | 文本(X) | 表格(T) | 工具(O) | 窗口(W) | 帮助(H) |

图 1-4　菜单栏

单击相应的菜单名称，即可打开该菜单。如果在菜单项右侧有一个三角符号"▶"，表示此菜单项有子菜单，只要将鼠标移到此菜单项上，即可打开其子菜单，如图 1-5 所示。如果在菜单项右侧有"…"，则执行此菜单项时将会弹出与之相关的对话框，如图 1-6 所示。

图 1-5　菜单栏

图 1-6　使用菜单栏

计算机 基础与实训教材系列

1.4　标准工具栏

标准工具栏中包含了一些常用的命令按钮。每个图标按钮代表相应的菜单命令，如图 1-7 所示。用户只需单击某图标按钮，即可对当前选择的对象执行该命令效果。标准工具栏为用户节省了从菜单中选择命令的操作。

图 1-7　标准工具栏

1.5　属性栏

属性栏用于查看、修改与选择对象相关参数选项。用户在工作区中未选择工具或对象时，工具属性栏会显示为当前页面的参数选项。选择工具后，属性栏显示当前工具的参数选项，如图 1-8 所示。

图 1-8　属性栏

取消【窗口】|【工具栏】|【锁定工具栏】命令的选取状态后，在属性栏上按住鼠标左键并将其向工具区中拖动，使其成为如图 1-9 所示的浮动面板，可以将属性栏放置到工作区中任意位置。使用鼠标将其拖回原位置，可以恢复属性栏的默认状态。

图 1-9　展开属性栏为浮动面板

1.6　工具箱

CorelDRAW X8 的工具箱位于工作区的左侧，其中提供了绘图操作时常用的基本工具，如图 1-10 所示。在工具按钮右下角显示有黑色小三角标记，表示该工具是一个工具组，在该工具按钮上按下鼠标左键不放，可展开隐藏的工具栏并选取需要的工具；也可以单击工具箱底部的 ⊕ 按钮，在弹出的工具列表中选择显示在工具箱中的工具，如图 1-11 所示。

图 1-10　工具箱　　　　　　　　　　　　图 1-11　打开工具箱中的工具组

1.7　绘图页面

工作区中带有阴影的矩形，称为绘图页面，如图 1-12 所示。用户可以根据实际的尺寸需要，对绘图页面的大小进行调整。在进行图形的输出处理时，对象必须放置在页面范围之内，否则无法输出。

图 1-12　绘图页面

> **提示**
>
> 通过选择【视图】|【页】|【页边框】、【出血】或【可打印区域】命令，即可打开或关闭页面边框、出血标记或可打印区域。

1.8　调色板

调色板中放置了 CorelDRAW X8 中默认的各种颜色色板。默认以 1 行形式放置在工作区的右侧，单击调色板底部的 » 按钮可以显示其他隐藏的色板。用户也可以单击调色板顶部的 ▶ 按钮，在弹出的菜单中选择【行】|【2 行】或【3 行】命令显示隐藏的色板，如图 1-13 所示。

图 1-13　显示隐藏的色板

默认的颜色模式为 CMYK 模式，在调色板菜单中选择【显示颜色名】命令，可以在调色板中显示色板名称，如图 1-14 所示。用户选择【窗口】|【调色板】|【调色板编辑器】命令，打开如图 1-15 所示的【调色板编辑器】对话框，在该对话框中可以对调色板属性进行设置。可设置的内容包括修改默认色彩模式、编辑颜色、添加颜色、删除颜色、将颜色排序和重置调色板等。

图 1-14　选择【显示颜色名】命令　　　　图 1-15　【调色板编辑器】对话框

1.9　泊坞窗

泊坞窗是放置 CorelDRAW X8 的各种管理器和编辑命令的工作面板。默认设置下，其显示在工作区的右侧。单击泊坞窗左上角的双箭头按钮 ▶▶，可使泊坞窗最小化，如图 1-16 所示。选择【窗口】|【泊坞窗】命令，然后选择各种管理器和命令选项，即可将其激活并显示在工作区中，如图 1-17 所示。

图 1-16　泊坞窗　　　　　　　　　图 1-17　打开泊坞窗

1.10　状态栏

状态栏位于工作区的最下方，主要提供绘图过程中的相应提示，帮助用户熟悉各种功能的使用方法和操作技巧。在状态栏中，单击提示信息右侧的 ▶ 按钮，在弹出的菜单中，可以更改显示的提示信息内容，如图 1-18 所示。

图 1-18　设置状态栏

1.2　自定义 CorelDRAW X8

在 CorelDRAW X8 应用程序中，可以根据个人需要排列菜单栏和命令来自定义应用程序。

1.2.1　自定义工具栏

在 CorelDRAW X8 应用程序中，可以自定义工具栏的位置和显示。工具栏可以附加到应用程序窗口的边缘，也可以移出工具栏将其拉离应用程序窗口的边缘，使其处于浮动状态，便于随处移动。用户可以创建、删除和重命名自定义工具栏，通过添加、移除以及排列工具栏项目来自定义工具栏；还可以通过调整按钮大小、工具栏边框，以及设置显示图像、标题或同时显示图像与标题来调整工具栏外观，甚至可以编辑工具栏按钮图像。

【例 1-1】在 CorelDRAW X8 应用程序中，添加自定义工具栏。

(1) 在 CorelDRAW X8 中，选择菜单栏中的【工具】|【自定义】命令，打开【选项】对话框。在对话框左侧的【自定义】类别列表中，单击【命令栏】选项，再单击【新建】按钮，然后在【命令栏】列表中输入名称"我的工具栏"，然后单击【确定】按钮，如图 1-19 所示。

(2) 按 Ctrl+Alt 组合键，然后将应用程序窗口中的工具或命令按钮拖动到新建的工具栏中，即可创建自定义工具栏，如图 1-20 所示。

图 1-19　新建命令栏

图 1-20　创建工具栏

👁 **提示**

　　要删除自定义工具栏，可在【选项】对话框中单击左侧【自定义】类别列表中的【命令栏】选项，然后选中工具栏名称，单击【删除】按钮。要重命名自定义工具栏，可双击工具栏名称，然后输入新名称。

2.2 自定义菜单栏

CorelDRAW X8 应用程序的自定义功能允许用户修改菜单栏及其包含的菜单。用户可以改变菜单和菜单命令的顺序，添加、移除和重命名菜单和菜单命令，以及添加和移除菜单命令分隔符。如果没有记住菜单位置，可以搜索菜单命令，还可以将菜单重置为默认设置。自定义的设置既适用于菜单栏菜单，也适用于通过右击弹出的快捷键菜单。

【例 1-2】在 CorelDRAW X8 应用程序中，自定义菜单及菜单命令。

(1) 在 CorelDRAW X8 应用程序中，选择菜单栏中的【工具】|【自定义】命令，打开【选项】对话框。在该对话框左侧的【自定义】类别列表中，单击【命令】选项，如图 1-21 所示。

(2) 在应用程序窗口的【视图】菜单命令上按下鼠标左键，并按住鼠标左键向右拖动菜单，至【窗口】菜单前释放鼠标，如图 1-22 所示，更改菜单命令排列顺序。

图 1-21 单击【命令】选项

图 1-22 更改菜单命令排列顺序

(3) 选择菜单栏中的【文件】命令，接着选择【选项】对话框中【文件】命令列表中的【从文档新建】命令，再单击右侧的【外观】标签，在【标题】文本框中输入"新建文档"，然后单击【确定】按钮，即可应用自定义菜单命令名称，如图 1-23 所示。

图 1-23 应用自定义菜单命令名称

①2.3　自定义工作区

　　工作区是对应用程序设置的配置，指定打开应用程序时各个命令栏、命令和按钮的排列。在 CorelDRAW X8 中可以创建和删除工作区，也可以选择程序中包含的预置的工作区。例如，用户可以选择具有 Adobe Illustrator 外观效果的工作区，还可以将当前工作区重置为默认设置，也可以将工作区导出、导入到使用相同应用程序的其他计算机中。

　　【例 1-3】在 CorelDRAW X8 应用程序中，新建工作区。

　　(1) 在 CorelDRAW X8 应用程序中，选择菜单栏中的【工具】|【自定义】命令，打开【选项】对话框。在左侧列表中单击【工作区】选项，然后单击【新建】按钮，如图 1-24 所示。

　　(2) 打开【新工作区】对话框，在对话框的【新工作区的名字】文本框中输入工作区的名称"我的工作区"。从【基新工作区于】列表框中，选择【Adobe® Illustrator®】作为新工作区的基础，然后单击【确定】按钮，完成新工作区的创建，如图 1-25 所示。

图 1-24　【选项】对话框

图 1-25　创建新工作区

计算机 基础与实训教材系列

①.3　文档基础操作

　　要在 CorelDRAW X8 应用程序中进行设计工作，必须先熟悉新建、打开、保存、关闭等基本的文件操作。

①3.1　新建文档

　　在 CorelDRAW X8 中进行绘图设计之前，首先应新建文件。新建文件时，设计者可以根据设计要求、目标用途，对页面进行相应的设置，以满足实际应用需求。启动 CorelDRAW X8 应用程序后，要新建文件，可以在【欢迎屏幕】窗口中单击【新建文档】按钮，或选择【文件】|【新建】命令，或单击标准工具栏中的【新建】按钮，或直接按 Ctrl+N 组合键，打开【创建新文档】对话框，通过设置可以创建用户所需大小的图形文件。

【例1-4】在 CorelDRAW X8 应用程序中，新建图像文件。

(1) 启动 CorelDRAW X8，在【欢迎屏幕】窗口中，单击【新建文档】按钮，打开【创建新文档】对话框，如图 1-26 所示。

图 1-26　使用【欢迎屏幕】窗口

(2) 在对话框的【名称】文本框中输入"绘图文件"，设置【宽度】数值为 100mm，【高度】数值为 50mm，【渲染分辨率】数值为 150dpi，单击【确定】按钮，即可创建新文件，如图 1-27 所示。

图 1-27　创建新文件

①3.2　应用模板

CorelDRAW X8 预设了多种类型的模板，用户可以通过这些模板创建新的绘图页面，也可以从中选择一种适合的模板载入到绘制的图形文件中。

选择【文件】|【从模板新建】命令，或在【欢迎屏幕】窗口中单击【从模板新建】选项，打开【从模板新建】对话框。在对话框左边单击【全部】选项，可以显示系统预设的全部模板文件。在【模板】下拉列表中选择所需的模板文件，然后单击【打开】按钮，即可在 CorelDRAW X8 中新建一个以模板为基础的图形文件，用户可以在该模板的基础上进行修改、新建。

【例1-5】从模板新建绘图文件。

(1) 在启动 CorelDRAW X8 应用程序后，单击【欢迎屏幕】窗口中的【从模板新建】选项，

或选择【文件】|【从模板新建】命令，如图 1-28 所示，打开【从模板新建】对话框。

（2）在该对话框左侧的【查看方式】下拉列表中选择【类型】选项，并拖动对话框底部的缩放滑块放大模板预览图，如图 1-29 所示。

图 1-28　执行打开【从模板新建】对话框操作　　　　图 1-29　缩放模板预览图

（3）在【从模板新建】对话框左侧的【过滤器】列表中单击【小册子】选项，然后在【模板】预览区中单击选中"北美牙医-广告册"模板，这时对话框右侧的【设计员注释】区域中将显示该模板的所有注释信息，然后单击【打开】按钮，选中的模板在 CorelDRAW X8 应用程序中打开，如图 1-30 所示。

图 1-30　从模板新建文件

①3.3　打开文件

当用户需要修改或编辑已有的文件时，可以选择【文件】|【打开】命令，或按 Ctrl+O 组合键，或者在工具栏中单击【打开】按钮，打开如图 1-31 所示的【打开绘图】对话框，从中选择需要打开的文件的类型、文件的路径和文件名后，单击【打开】按钮即可。

另外，CorelDRAW X8 有保存最近使用文档记录的功能，在【文件】|【打开最近用过的文件】子菜单下选择相应的选项即可打开最近用过的文件，如图 1-32 所示。

如果需要同时打开多个文件，可在【打开绘图】对话框的文件列表框中，按住 Shift 键选择连续排列的多个文件，或按住 Ctrl 键选择不连续排列的多个文件，然后单击【打开】按钮，即可按照文件排列的先后顺序将选取的所有文件打开。

图 1-31 【打开绘图】对话框 　　　　　　图 1-32 打开最近用过的文件

3.4　保存文件

在绘图过程中，为避免文件意外丢失，需要及时将编辑好的文件保存到磁盘中。选择【文件】|【保存】命令，或按 Ctrl+S 组合键，或在工具栏中单击【保存】按钮，打开【保存绘图】对话框，选择保存文件的类型、路径和名称，然后单击【保存】按钮即可。

如果当前文件是在一个已有的文件基础上进行修改，那么在保存文件时，选择【保存】命令，将使用新保存的文件数据覆盖原有的文件，而原文件将不复存在。如果要在保存文件时保留原文件，可选择【文件】|【另存为】命令，打开如图 1-33 所示的【保存绘图】对话框，设置保存文件的文件名、类型和路径，再单击【保存】按钮，即可将当前文件存储为一个新的文件。

在 CorelDRAW X8 中，用户还可以对文件设置自动保存。选择【工具】|【选项】命令，在打开的【选项】对话框中选择【工作区】|【保存】选项，然后在右侧的选项区中即可进行设置，如图 1-34 所示。

图 1-33 【保存绘图】对话框 　　　　　　图 1-34 设置自动保存

3.5　关闭文件

当用户需要退出当前正在编辑的文档时，可选择【文件】|【关闭】命令，或单击菜单栏右侧的【关闭】按钮，即可关闭当前文件。如果当前编辑的文件没有进行最后的保存，则系统

将弹出提示对话框，询问用户是否对修改的文件进行保存。选择【文件】|【全部关闭】命令，即可关闭所有打开的图形文件。

①3.6　导入和导出文件

　　【导入】和【导出】命令是 CorelDRAW 和其他应用程序之间进行联系的桥梁。通过【导入】命令可以将其他应用软件生成的文件输入至 CorelDRAW 中，包括位图和文本文件等。

　　需要导入文件时，选择【文件】|【导入】命令，打开【导入】对话框，选择所需导入的文件后，单击【导入】按钮即可，如图 1-35 所示。打开 CorelDRAW 工作区后，在标准工具栏中单击【导入】按钮 ，或按 Ctrl+I 组合键也可以打开【导入】对话框，选择所需图像或文件。

图 1-35　导入文件

　　导出功能可以将 CorelDRAW 绘制好的图形输出成位图或其他格式的文件。选择【文件】|【导出】命令或单击标准工具栏中的【导出】按钮 ，打开【导出】对话框，选择要导出的文件格式后，单击【导出】按钮，即可导出文件。选择不同的导出文件格式，会打开不同的格式设置对话框，如图 1-36 所示。

图 1-36　导出文件

①3.7　备份和恢复文件

　　CorelDRAW 可以自动保存绘图的备份副本，并在发生系统错误以重新启动程序时，提示

-13-

用户恢复备份副本。在 CorelDRAW 的任何操作期间，都可以设置自动备份文件的时间间隔，并指定要保存文件的位置。默认情况下，将保存在临时文件夹或指定的文件夹中。

重新启动 CorelDRAW 时，可以从临时文件夹或指定的文件夹中恢复备份文件，也可以选择不恢复文件；但正常关闭程序时，该文件将被自动删除。

【例 1-6】设置 CorelDRAW X8 的自动备份文件参数。

(1) 选择菜单栏中的【工具】|【选项】命令，打开【选项】对话框。在对话框左侧列表中选择【工作区】|【保存】选项，如图 1-37 所示。

(2) 在【自动备份间隔】复选框后的【分钟】下拉列表中选择数值 5。在【始终备份到】选项区域中，选中【临时文件夹】单选按钮可用于将自动备份文件保存到临时文件夹中；选中【特定文件夹】单选按钮可用于指定保存自动备份文件的文件夹。选中【特定文件夹】单选按钮，单击【浏览】按钮，在打开的【浏览文件夹】对话框中选择备份文件夹，单击【确定】按钮，然后单击【确定】按钮关闭【选项】对话框，如图 1-38 所示。

图 1-37　选择【保存】选项

图 1-38　设置自动备份

 知识点

在重新启动 CorelDRAW X8 应用程序后，要恢复自动备份的文档，单击提示对话框中的【确定】按钮即可，如图 1-39 所示。

图 1-39　恢复备份文档

1.4　页面的设置

在开始绘图之前，可以精确设置所需的页面，使用【布局】菜单中的相关命令，可以调整绘图页面的参数值，包括页面尺寸、方向以及版面，并且可以为页面选择一个背景。

1 4.1　页面设置

在实际绘图工作中，所编辑的绘图文件常常具有不同的尺寸要求。这时，就需要进行自定义页面设置。CorelDRAW X8 应用程序提供了多种设置页面大小、方向的操作方法。

- ◎　在绘图文件中没有选中任何对象的情况下，可以在属性栏中对页面大小进行调整，如图 1-40 所示。

图 1-40　属性栏设置页面

- ◎　在工作区中的绘图页面阴影上双击鼠标左键，或选择【布局】|【页面设置】命令，打开如图 1-41 所示的【选项】对话框，在其中就可对当前页面的方向、尺寸大小、分辨率、出血范围等属性进行设置。设置好后单击【确定】按钮，即可对当前文件中的页面进行调整。

图 1-41　【选项】对话框

提示

如果当前文件中存在多个页面，选中【只将大小应用到当前页面】复选框，则只对当前页面进行调整。

【例 1-7】在 CorelDRAW X8 应用程序中，设置页面尺寸。

(1) 启动 CorelDRAW X8 应用程序，在【欢迎屏幕】窗口中单击【新建文档】选项，打开【创建新文档】对话框。在对话框的【名称】文本框中输入"绘图文件"，设置【宽度】数值为 50mm、【高度】数值为 50mm，设置【渲染分辨率】数值为 300 dpi，然后单击【确定】按钮，即可创建新文件，如图 1-42 所示。

图 1-42　新建绘图文件

计算机 基础与实训教材系列

(2) 选择菜单栏中的【布局】|【页面设置】命令，打开【选项】对话框。设置【宽度】数值为 100，选中【横向】单选按钮，设置【出血】数值为 3，并选中【显示出血区域】复选框，如图 1-43 所示。

(3) 单击【选项】对话框中的【保存】按钮 ，打开【自定义页面类型】对话框。在【另存自定义页面类型为】文本框中输入"横向卡片"，然后单击【确定】按钮添加自定义预设页面尺寸，如图 1-44 所示。

图 1-43　设置页面大小　　　　　　　　　　图 1-44　另存自定义页面

(4) 再单击【选项】对话框中的【确定】按钮应用设置的页面尺寸。

> **知识点**
>
> 在选中的【选择】工具并未选中任何对象的情况下，还可以通过单击属性栏上【页面大小】列表框底部的【编辑该列表】选项打开【选项】对话框来添加或删除自定义预设页面尺寸。

1.4.2　选择页面背景

页面背景是指添加到页面中的背景颜色或图像。在 CorelDRAW X8 中，页面背景可以设置为纯色，也可以是位图图像，并且在添加页面背景后，不会影响图形绘制的操作。通常，新建文档的页面背景默认为【无背景】。要设置页面背景，选择【布局】|【页面背景】命令，打开【选项】对话框，在其中即可对页面背景进行设置。选中【选项】对话框中的【打印和导出背景】复选框，还可以将背景与绘图一起打印和导出。

1. 使用纯色页面背景

如果要以一个单色作为页面背景，选择【布局】|【页面背景】命令，打开【选项】对话框，在对话框中，选中【纯色】单选按钮，然后单击右侧的 按钮，从弹出的下拉选项框中通过颜色滴管、颜色滑块、颜色查看器或调色板选取所需的颜色，如图 1-45 所示。

图 1-45　设置纯色背景

单击下拉选项框中的【更多颜色选项】按钮，从弹出的菜单中可以进行相关设置，选取的背景颜色不同，弹出的菜单命令也不相同，如图 1-46 所示。

图 1-46　【更多颜色选项】菜单

2. 使用位图页面背景

如果要使用位图作为背景，选择【布局】|【页面背景】命令，打开【选项】对话框，在对话框中，选中【位图】单选按钮，然后单击右侧的【浏览】按钮，在打开的【导入】对话框中选取要导入的位图文件，单击【导入】按钮，如图 1-47 所示。

图 1-47　使用位图背景

用位图创建背景时，可以指定位图的尺寸并将图形链接或嵌入到文件中。将图形链接到文件中时，对源图形所做的任何修改都将自动在文件中反映出来，而嵌入的对象则保持不变。在将文件发送给其他人时必须包括链接的图形。如果需要链接或嵌入位图背景，在【来源】选项区域中，选中【链接】单选按钮可以从外部链接位图；选中【嵌入】单选按钮，可以直接将位图添加到文档中，如图 1-48 所示。在【位图尺寸】选项区域中，选中【自定义尺寸】单选按钮，可以改变位图背景的大小。选中【保持纵横比】复选框，可以保持位图的水平和垂直比例；禁用该项时，可以指定不成比例的高度和宽度值，在【水平】和【垂直】数值框中输入具体的值以指定背景的宽度，如图 1-49 所示。

图 1-48　【来源】选项区域　　　　　　　　图 1-49　【位图尺寸】选项区域

【例 1-8】在 CorelDRAW X8 应用程序中，使用位图页面背景。

(1) 在 CorelDRAW X8 应用程序中，选择【文件】|【打开】命令，打开【打开绘图】对话框。打开一幅绘图文件，如图 1-50 所示。

图 1-50　打开绘图文件

(2) 选择【布局】|【页面背景】命令，打开【选项】对话框。在对话框中，选中【位图】单选按钮，再单击【浏览】按钮，如图 1-51 左图所示；在打开的【导入】对话框中，选择要作为背景的位图文件，单击【导入】按钮，如图 1-51 右图所示。

图 1-51　启用位图背景

(3) 在【选项】对话框中，选中【自定义尺寸】单选按钮，取消选中【保持纵横比】复选框，设置【水平】数值为 297，【垂直】数值为 210，单击【选项】对话框中的【确定】按钮应用位图背景，如图 1-52 所示。

图 1-52　设置位图背景

3．删除页面背景

选择菜单栏中的【布局】|【页面背景】命令，打开【选项】对话框。在该对话框中，选中【无背景】单选按钮可以快速移除页面背景。当启用该按钮时，绘图页面恢复到原来的状态，不会影响绘图的其余部分。

1.4.3　设置版面样式

CorelDRAW X8 应用程序中还提供了标准出版物的版面。在【选项】对话框的【文档】类别列表中，单击【布局】选项，可以打开【布局】选项设置区域。在该选项设置区域中，CorelDRAW X8 提供了【全页面】、【活页】、【屏风卡】、【帐篷卡】、【侧折卡】、【顶折卡】和【三折小册子】7 种页面版式。用户选择所需的版式类型后，其下方会显示简短的说明文字，如图 1-53 所示。

图 1-53　设置版面样式

①4.4 编辑页面

CorelDRAW X8 支持在一个文件中创建多个页面，在不同的页面中可以进行不同的图形绘制与处理。

1. 添加页面

默认状态下，新建的文件中只有一个页面，通过插入页面，可以在当前文件中插入一个或多个新的页面。要插入页面，可以通过以下操作方法来实现。

- ● 选择【布局】|【插入页面】命令，在打开的【插入页面】对话框中，可以对需要插入的页面数量、插入位置、版面方向以及页面大小等参数进行设置。设置好以后，单击【确定】按钮即可。

- ● 在页面左下方的标签栏上，单击页面信息左边的 按钮，可在当前页面之前插入一个新的页面；单击右边的 按钮，可在当前页面之后插入一个新的页面，如图 1-54 所示。插入的页面具有和当前页面相同的页面设置。

图 1-54　插入页面

- ● 在页面标签栏的页面名称上右击，在弹出的菜单中选择【在后面插入页面】或【在前面插入页面】命令，同样也可以在当前页面之后或之前插入新的页面，如图 1-55 所示。

【例 1-9】在打开的绘图文件中，根据需要插入页面。

(1) 在 CorelDRAW X8 中，选择【文件】|【打开】命令，打开绘图文档，如图 1-56 所示。

图 1-55　插入页面命令　　　　　　　图 1-56　打开图像

(2) 选择【布局】|【插入页面】命令，打开【插入页面】对话框。设置【页码数】为 2，【宽度】数值为 50mm，然后单击【确定】按钮，即可在原有页面后添加两页，如图 1-57 所示。

(3) 选择【视图】|【页面排序器视图】命令，打开页面排序器视图以查看绘图文件中的各页面，如图 1-58 所示。

图1-57　【插入页面】对话框　　　　　　　图1-58　页面排序器视图

2. 再制页面

通过再制页面，可以对当前页进行复制，得到一个相同页面设置或相同页面内容的新页面。在【对象管理器】泊坞窗中单击要再制的页面的名称后，选择【布局】|【再制页面】命令打开如图1-59所示的【再制页面】对话框。在对话框中可以选择复制得到的新页面是插入在当前页面之前还是之后；选中【仅复制图层】单选按钮，则在新页面中将只保留原页面中的图层属性(包括图层数量和图层名称)；选中【复制图层及其内容】单选按钮，则可以得到一个和原页面内容完全相同的新页面。在对话框中选择相应选项，然后单击【确定】按钮即可再制页面。

图1-59　再制页面

用户也可以将鼠标光标放置到标签栏中需要复制的页面上，右击，从弹出的菜单中选择【再制页面】命令，如图1-60所示。在打开的【再制页面】对话框中设置，设置好选项后，单击【确定】按钮即可。

图1-60　执行右键菜单命令

3. 重命名页面

通过对页面重新命名，可以方便地在绘图工作中快速、准确地查找到需要编辑与修改的页面。要重命名页面，可以在需要重命名的页面上单击，将其设置为当前页面，然后选择【布局】|【重命名页面】命令，打开【重命名页面】对话框，在【页名】文本框中输入新的页面名称，单击【确定】按钮即可，如图 1-61 所示。

图 1-61　重命名页面

用户也可以将光标移动到页面标签栏中需要重命名的页面上，右击，在弹出的菜单中选择【重命名页面】命令，然后进行下一步操作。

4. 删除页面

在 CorelDRAW X8 中进行绘图编辑时，如果需要将多余的页面删除，可以选择【布局】|【删除页面】命令，打开如图 1-62 所示的【删除页面】对话框。在对话框的【删除页面】数值框中输入所要删除的页面序号，单击【确定】按钮即可。

图 1-62　【删除页面】对话框

> **提示**
>
> 在【删除页面】对话框中，选中【通到页面】复选框，并在其后的数值框中输入页面序号，可以删除多个连续的页面。

在标签栏中需要删除的页面上右击，在弹出的菜单中选择【删除页面】命令，即可直接将该页面删除，如图 1-63 所示。

图 1-63　删除页面

① 4.5　插入页码

可以在当前页面、所有页面、所有奇数页面或所有偶数页面上插入页码，页码在页面底部居中放置。在多个页面上插入页码时，系统将自动创建主图层并在该图层上放置页码。主图层

可以是所有页主图层、奇数页主图层或偶数页主图层。当在文档中添加或删除页面时，页码将
自动更新。

1. 插入页码

选择【布局】|【插入页码】命令子菜单中的相应命令，即可插入页码，如图 1-64 所示。

图 1-64　插入页码

> **提示**
>
> 只有在当前页面为奇数页时，才可以在奇数页上插入页码，且只有在当前页面为偶数页时，才可以在偶数页上插入页码。

【插入页码】子菜单中各命令的功能如下。

- ◉ 位于活动图层：可以在当前【对象管理器】泊坞窗中选定的图层上插入页码。如果活动图层为主图层，那么页码将插入文档中显示该主图层的所有页面。如果活动图层为局部图层，那么页码将仅插入当前页。
- ◉ 位于所有页：可以在所有页面上插入页码。页码插入新的所有页主图层，而且该图层将成为活动图层。
- ◉ 位于所有奇数页：可以在所有奇数页上插入页码。页码插入新的奇数页主图层，而且该图层将成为活动图层。
- ◉ 位于所有偶数页：可以在所有偶数页上插入页码。页码插入新的偶数页主图层，而且该图层将成为活动图层。

2. 修改页码设置

在插入页码后，还可以修改页码设置以符合设计需求。选择【布局】|【页码设置】命令，
打开如图 1-65 所示的【页码设置】对话框。

图 1-65　【页码设置】对话框

【页码设置】对话框中各选项的功能如下。

计算机 基础与实训教材系列

- ◉ 起始编号：可以从一个特定数字开始编号。
- ◉ 起始页：可以选择页码开始的页面。
- ◉ 样式：可以选择常用页码样式。

①4.6 跳转页面

在进行多页面设计工作时，常常需要选择页面，调整页面之间的前后顺序。将需要编辑的页面切换为当前页面，可选择【布局】|【转到某页】命令，打开【转到某页】对话框。在【转到某页】数值框中输入需要选择的页面序号，单击【确定】按钮即可，如图 1-66 所示。

图 1-66　跳转页面

①4.7 重新排列页面

要调整页面之间的前后顺序，在页面标签栏中需要调整顺序的页面名称上按下鼠标左键不放，然后将光标拖动到指定的位置后，释放鼠标即可，如图 1-67 所示。

图 1-67　调整页面顺序

用户还可以选择菜单栏中的【视图】|【页面排序器视图】命令，这时所创建的文档都将被排列出来，只要单击并拖动一个页面，将它放置在一个新位置即可，如图 1-68 所示。

图 1-68　页面排序

1.5　辅助工具的使用

使用网格、标尺及辅助线功能，可以精确绘图及排列对象。网格可以有助于精确绘制及捕捉对象。标尺则可以帮助了解对象在绘图窗口内的位置与尺寸。辅助线是可以加入绘图窗口的线条，可帮助捕捉对象。这些工具可以显示或隐藏，也可以根据需要重新设置。

1.5.1　使用标尺

标尺是放置在页面上用来测量对象大小、位置等的测量工具。使用标尺工具，可以帮助用户准确地绘制、缩放和对齐对象。在默认状态下，标尺处于显示状态。为方便操作，用户可以设置是否显示标尺。选择【视图】|【标尺】命令，菜单中的【标尺】命令前显示复选标记 ✔，即说明标尺已显示在工作界面中，反之则标尺被隐藏。用户也可以通过单击标准工具栏中的【显示标尺】按钮显示、隐藏标尺。

1. 标尺的设置

用户可以根据绘图的需要，对标尺显示的单位、原点、刻度记号等进行设置。选择【工具】|【选项】命令或双击标尺，打开【选项】对话框。在对话框中，选择左侧列表中【文档】|【标尺】选项，在右侧显示如图 1-69 所示的标尺设置选项。

- ⊙ 【单位】选项：在下拉列表中可选择一种测量单位，默认的单位是【英寸】。
- ⊙ 【原始】选项：在【水平】和【垂直】数值框中输入精确的数值，以自定义坐标原点的位置。
- ⊙ 【记号划分】选项：在数值框中输入数值来修改标尺的刻度记号。输入的数值决定每一段数值之间刻度记号的数量。CorelDRAW X8 中的刻度记号数量最多为 20，最少为 2。
- ⊙ 【编辑缩放比例】按钮：单击该按钮，将弹出【绘图比例】对话框，在该对话框的【典型比例】下拉列表中，可选择不同的刻度比例，如图 1-70 所示。

图 1-69　标尺设置页面　　　　　　　　图 1-70　设置绘图比例

2. 调整标尺

在 CorelDRAW X8 中，用户可以根据需要调整标尺在工作区中的位置。只需按住 Shift 键在所需标尺上按下鼠标并拖动其至工作区中所需位置时释放即可。如果想要同时移动两个标尺，可以按住 Shift 键在两个标尺相交点位置▣按下鼠标左键并拖动，至合适位置时释放鼠标，如图 1-71 所示。要想将标尺还原至默认位置，只需按住 Shift 键在标尺上双击即可。

图 1-71　拖动标尺

为了方便对图形进行测量，可以将标尺的原点调整到所需要的位置。将光标移至水平与垂直标尺的▣按钮上，按住鼠标左键不放，将原点拖至绘图窗口中，这时会出现两条垂直相交的虚线，拖动原点到需要的位置后释放鼠标，此时原点就被设置到这个位置。双击标尺原点▣按钮，可以恢复标尺原点默认状态。

①5.2　设置网格

网格是由均匀分布的水平和垂直线组成的，使用网格可以在绘图窗口中精确地对齐和定位对象。通过指定频率或间隔，可以设置网格线或点之间的距离，从而使定位更加精确。

1. 显示和隐藏网格

默认状态下，网格处于隐藏状态。用户可以通过单击标准工具栏中的【显示网格】按钮▦显示、隐藏网格，还可以根据绘图需要自定义网格的频率和间隔显示。

【例 1-10】在绘图文档中，显示与设置网格。

(1) 在工作区中的页面边缘的阴影上双击鼠标左键，打开【选项】对话框。在对话框左侧列表中选择【文档】|【辅助线】|【网格】选项，如图 1-72 所示。

图 1-72　选中【网格】选项

(2) 默认状态下，【显示网格】复选框处于未选中状态，此时在工作区中不会显示网格。要显示网格，只要选中该复选框即可。在【文档网格】选项区右侧的下拉列表中选择【毫米间距】，在【水平】和【垂直】数值框中输入相应的数值 5，设置好所有的选项后，单击【确定】按钮即可，如图 1-73 所示。

图 1-73　设置网格

2. 贴齐网格

要设置对齐网格功能，单击标准工具栏中的【贴齐】按钮，从弹出的下拉列表中选择【文档网格】、【像素网格】或【基线网格】选项，或者选择【视图】|【贴齐】|【文档网格】、【像素网格】或【基线网格】命令即可。打开对齐网格功能后，移动选定的图形对象时，系统会自动将对象中的节点按格点对齐。

①5.3　设置辅助线

辅助线是设置在页面上用来帮助用户准确定位对象的虚线。它可以帮助用户快捷、准确地调整对象的位置以及对齐对象等。辅助线可以放置在绘图窗口中的任意位置，可以设置水平、垂直和倾斜 3 种形式的辅助线。在输出文件时，辅助线不会同文件一起被打印出来，但会同文件一起保存。

1. 显示和隐藏辅助线

用户可以设置是否显示辅助线。选择【视图】|【辅助线】命令,【辅助线】命令前显示复选标记✔,即添加的辅助线显示在绘图窗口中,否则将被隐藏。用户也可以通过单击标准工具栏中的【显示辅助线】按钮显示、隐藏辅助线。选择【工具】|【选项】命令,或单击工具栏中的【选项】按钮,在弹出的如图 1-74 所示的【选项】对话框中的左侧列表中选择【文档】|【辅助线】选项,在右侧显示的页面中选中【显示辅助线】复选框,即可在页面中显示辅助线。

- ◉ 【显示辅助线】复选框:用于设置隐藏或显示辅助线。
- ◉ 【贴齐辅助线】复选框:选中该复选框后,在页面中移动对象时,对象将自动向辅助线靠齐。
- ◉ 【默认辅助线颜色】和【默认预设辅助线颜色】选项:在对应的下拉列表框中选择需要的颜色,修改辅助线和预设辅助线在绘图窗口中显示的颜色。

图 1-74 【选项】对话框

2. 创建辅助线

用户可以设置水平、垂直和倾斜的辅助线,也可以在页面中对其进行按顺时针或逆时针方向旋转、锁定和删除等操作。将光标移动到水平或垂直标尺上,按下鼠标左键并向绘图页面中拖动,拖动到需要的位置后释放鼠标,即可创建辅助线,如图 1-75 所示。另外,通过【选项】对话框,还可以精确地添加辅助线以及对对齐属性进行设置。

图 1-75 创建辅助线

选择【窗口】|【泊坞窗】|【辅助线】命令,打开如图 1-76 所示的【辅助线】泊坞窗。在泊坞窗中可以设置显示、隐藏、创建、编辑、锁定、删除辅助线。

- ◉ 【辅助线样式】下拉列表:可以选择辅助线显示样式,如图 1-77 所示。

图 1-76　【辅助线】泊坞窗　　　　　　　图 1-77　设置辅助线样式

- ◉ 【辅助线类型】下拉列表：可以选择创建水平、垂直或角度辅助线，如图 1-78 所示。
- ◉ 【辅助线颜色】选项：单击该选项，在弹出的下拉面板中可以选择所创建辅助线的颜色，如图 1-79 所示。

图 1-78　设置辅助线类型　　　　　　　图 1-79　设置辅助线颜色

【例 1-11】在 CorelDRAW X8 应用程序中，精确添加辅助线。

(1) 在 CorelDRAW X8 中，选择【文件】|【打开】命令打开绘图文档，并选择【窗口】|【泊坞窗】|【辅助线】命令，打开【辅助线】泊坞窗，如图 1-80 所示。

(2) 在【辅助线】泊坞窗中，设置 y 为 3mm，再单击【添加】按钮添加水平辅助线，如图 1-81 所示。

图 1-80　打开文档　　　　　　　图 1-81　添加水平辅助线

(3) 在【辅助线】泊坞窗中，单击【辅助线类型】下拉列表，从中选择【垂直】选项。设置 x 为 3mm，再单击【添加】按钮添加垂直辅助线，如图 1-82 所示。

(4) 在【辅助线】泊坞窗中，单击【辅助线类型】下拉列表，从中选择【角度】选项。设置【旋转角度】为 35，再单击【添加】按钮添加辅助线，如图 1-83 所示。

图 1-82　添加垂直辅助线　　　　　图 1-83　添加角度辅助线

3. 预设辅助线

　　预设辅助线是 CorelDRAW X8 应用程序为用户提供的一些辅助线设置样式，其中包括【Corel 预设】和【用户定义预设】两个选项。在【选项】对话框中选择【辅助线】|【预设】选项，默认状态下，系统会选中【Corel 预设】单选按钮，其中包括【一厘米页边距】、【出血区域】、【页边框】、【可打印区域】、【三栏通讯】、【基本网格】和【左上网格】预设辅助线选项。选择好需要的选项后，单击【确定】按钮即可，如图 1-84 所示。

　　在【预设】选项中，选中【用户定义预设】单选按钮后，对话框设置选项如图 1-85 所示。

图 1-84　选中【Corel 预设】单选按钮

图 1-85　选中【用户定义预设】单选按钮

- ◉ 页边距：辅助线离页面边缘的距离。选中该复选框，在【上】、【左】旁的数值框中输入页边距的数值，则【下】、【右】旁边的数值框中输入相同的数值。取消选中【镜像页边距】复选框，可以输入不同的页边距数值。

- ◉ 栏：指将页面垂直分栏。【栏数】是指页面被划分成栏的数量；【间距】是指每两栏之间的距离。

- ◉ 网格：在页面中，将水平和垂直辅助线相交形成网格的形式。可通过【频率】和【间隔】来修改网格设置。

💡 **提示**--

　　在【选项】对话框中选择【辅助线】|【辅助线】选项，其右侧的【指定】下拉列表中的【2点】选项用于指定要连成一条辅助线的两个点的坐标数值；【角度和1点】选项用于指定某个点和角度，创建的辅助线将以指定的角度穿过该点。

4. 辅助线的使用

辅助线的使用技巧包括辅助线的选择、旋转、锁定以及删除等。各项技巧的具体使用方法如下。

- 选择单条辅助线：使用【选择】工具单击辅助线，则该条辅助线呈红色被选中状态。
- 选择所有辅助线：选择【编辑】|【全选】|【辅助线】命令，则全部的辅助线呈红色被选中状态。
- 旋转辅助线：使用【选择】工具单击两次辅助线，当显示倾斜手柄时，将鼠标移动到倾斜手柄上按下左键不放，拖动鼠标即可对辅助线进行旋转，如图 1-86 所示。

图 1-86　旋转辅助线

- 贴齐辅助线：为了在绘图过程中对图形进行更加精准的操作，可以选择【视图】|【对齐辅助线】命令，或者单击标准工具栏中的【贴齐】按钮，从弹出的下拉列表中选中【辅助线】复选框，来开启对齐辅助线功能，如图 1-87 所示。打开对齐辅助线功能，移动选定的对象时，图形对象中的节点将向距离最近的辅助线及其交叉点靠拢对齐。

图 1-87　开启对齐辅助线功能

- 锁定辅助线：选取辅助线后，选择【对象】|【锁定】|【锁定对象】命令，或单击属性栏或泊坞窗中的【锁定辅助线】按钮 ，该辅助线即被锁定，这时将不能对它进行移动、删除等操作。
- 解锁辅助线：将光标对准锁定的辅助线，右击，在弹出的命令菜单中选择【解除锁定对象】命令即可。
- 删除辅助线：选择辅助线，然后按 Delete 键即可。
- 删除预设辅助线：在【选项】对话框中选择【辅助线】|【预设】选项，然后取消预设辅助线旁复选框的选中状态即可。

1.6 设置视图显示

在 CorelDRAW X8 应用程序中，用户可以根据需要进行选择文档的显示模式、预览文档、缩放和平移画面等操作。

1.6.1 视图显示模式

CorelDRAW X8 为用户提供了多种视图显示模式，用户可以在绘图过程中根据实际情况进行选择。这些视图显示模式包括【简单线框】、【线框】、【草稿】、【普通】、【增强】和【像素】模式。单击【视图】菜单，即可在其中查看和选择视图的显示模式。

- ◉ 【简单线框】模式：该模式只显示矢量图形的外框线，不显示绘图中的填充、立体化、调和等操作效果，位图显示为灰度图。

- ◉ 【线框】模式：该模式下的显示结果与【简单线框】显示模式类似，只是对所有变形对象(渐变、立体化、轮廓效果)显示中间生成图形的轮廓，如图 1-88 所示。

- ◉ 【草稿】模式：该模式以低分辨率显示所有图形对象，并可以显示标准的填充。其中，渐变填充以单色显示；花纹填充、材质填充及 PostScript 图案填充等均以一种基本图案显示；滤镜效果以普通色块显示，如图 1-89 所示。

- ◉ 【普通】模式：该模式可以显示除 PostScript 以外的所有填充，以及高分辨率位图。它是最常用的显示模式，既能保证图形的显示质量，又不影响计算机显示和刷新图形的速度。

- ◉ 【增强】模式：该模式以高分辨率显示所有图形对象，并使图形平滑。该模式对设备性能要求很高，也是能显示 PostScript 图案填充的唯一视图，只适用于运行在高色彩画面上，是一个显示速度慢但质量最好的视图。

- ◉ 【像素】模式：该模式显示了基于像素的绘图，允许用户放大对象的某个区域来更准确地确定对象的位置和大小。该模式还可让用户查看导出为位图文件格式的绘图，如图 1-90 所示。

图 1-88 【线框】模式　　　图 1-89 【草稿】模式　　　图 1-90 【像素】模式

1.6.2 使用【缩放】工具

【缩放】工具 🔍 可以用来放大或缩小视图的显示比例，更方便用户对图形的局部进行浏览和编辑。使用【缩放】工具的操作方法有以下两种。

- 单击工具箱中的【缩放】工具按钮，当光标变为🔍形状时，在页面上单击，即可将页面逐级放大。
- 选中【缩放】工具，在页面上按下鼠标左键，拖动鼠标框选出需要放大显示的范围，释放鼠标后即可将框选范围内的视图放大显示，并最大限度地显示在整个工作区中，如图 1-91 所示。选择【缩放】工具后，在属性栏中会显示出该工具的相关选项。
- 单击【放大】按钮🔍，会使视图放大两倍，按下鼠标右键会使视图缩小为原来的 50%显示。

图 1-91　使用【缩放】工具

- 单击【缩小】按钮🔍，或按 F3 键，会使视图缩小为原来的 50%显示。
- 单击【缩放选定对象】按钮🔍，或按 Shift+F2 组合键，会将选定的对象最大化显示在页面上。
- 单击【缩放全部对象】按钮🔍，或按 F4 键，会将对象全部缩放到页面上，按下鼠标右键会将其缩小为原来的 50%显示。
- 单击【显示页面】按钮🔍，或按 Shift+F4 组合键，会将页面的宽和高最大化全部显示出来。
- 单击【按页宽显示】按钮🔍，会最大化地按页面宽度显示，按下鼠标右键会将页面缩小为原来的 50%显示。
- 单击【按页高显示】按钮🔍，会最大化地按页面高度显示，按下鼠标右键会将页面缩小为原来的 50%显示。

当页面显示超出当前工作区时，可以选择工具箱中的【平移】工具🖐观察页面中的其他部分。选择该工具后，在页面上单击并拖动即可移动页面，如图 1-92 所示。

图 1-92　移动页面

 提示

在使用滚动鼠标中键进行视图缩放或平移时，如果滚动频率不太合适，可以选择【工具】|【选项】命令，打开【选项】对话框。然后在对话框左侧列表中选择【工作区】|【显示】选项，显示【显示】设置选项，接着调整【渐变步长预览】数值即可。

1 6.3 使用【视图管理器】泊坞窗

用户可以选择菜单栏中的【视图】|【视图管理器】命令，或选择【窗口】|【泊坞窗】|【视图管理器】命令，或按 Ctrl+F2 组合键，打开【视图管理器】泊坞窗，如图 1-93 所示。

知识点

在【视图管理器】泊坞窗中，如果禁用泊坞窗上已保存视图旁边的【页面】图标，则当切换到该视图时，CorelDRAW 将只切换到缩放级别，而不切换到页面。同样，如果禁用放大镜图标，则 CorelDRAW 只切换到页面，而不切换到缩放级别。

图 1-93 【视图管理器】泊坞窗

- 【缩放一次】按钮：单击该按钮或按 F2 键，鼠标即可转换为状态，此时单击可放大图像；相反，右击可以缩小图像。
- 【放大】按钮和【缩小】按钮：单击这两个按钮，可以分别为对象执行放大或缩小显示操作。
- 【缩放选定对象】按钮：在选取对象后，单击该按钮或按 Shift+F2 组合键，即可对选定对象进行缩放。
- 【缩放全部对象】按钮：单击该按钮或按 F4 键，即可将全部对象缩放。
- 【添加当前视图】按钮：单击该按钮，即可将当前视图保存。
- 【删除当前视图】按钮：选中保存的视图后，单击该按钮，即可将其删除。

1 6.4 窗口操作

在 CorelDRAW X8 中进行设计时，为了观察一个文档的不同页面，或同一页面中的不同部分，或同时观察两个或多个文档，都需要同时打开多个窗口。为此，可选择【窗口】菜单命令的适当选项来新建窗口或调整窗口的显示。

- 【新建窗口】命令：可创建一个和原有窗口相同的窗口。
- 【层叠】命令：可将多个绘图窗口按顺序层叠在一起，这样有利于用户从中选择需要使用的绘图窗口。通过单击窗口标题栏，即可将选中的窗口设置为当前窗口，如图 1-94 所示。
- 【水平平铺】和【垂直平铺】命令：可以在工作区中同时显示两个或多个窗口。如图 1-95 所示为水平平铺显示多个窗口。

图 1-94　层叠窗口

图 1-95　水平平铺窗口

1.7　上机练习

本章的上机练习通过新建文档，使用户更好地掌握新建文档，设置版面、页码、辅助线等的基本操作方法和技巧。

(1) 启动 CorelDRAW X8，选择【文件】|【新建】命令，打开【创建新文档】对话框。在对话框的【名称】文本框中输入"新建版式"，设置【宽度】和【高度】数值为 100 毫米，在【原色模式】下拉列表中选择 RGB，然后单击【确定】按钮，如图 1-96 所示。

(2) 选择【布局】|【页面背景】命令，打开【选项】对话框。在对话框中，选中【位图】单选按钮，再单击【浏览】按钮，打开【导入】对话框。在【导入】对话框中选中需要导入的背景图，然后单击【导入】按钮，如图 1-97 所示。

图 1-96　新建文档

图 1-97　设置页面背景

(3) 在【选项】对话框中，选中【自定义尺寸】单选按钮，取消选中【保持纵横比】复选框，然后设置【水平】和【垂直】数值为 100，单击【确定】按钮，如图 1-98 所示。

(4) 单击标准工具栏中的【导入】按钮，打开【导入】对话框。在对话框中，选中需要导入的图像，单击【导入】按钮，如图 1-99 所示。

(5) 选择【布局】|【再制页面】命令，打开【再制页面】对话框。在对话框中，选中【在选定的页面之后】和【复制图层及其内容】单选按钮，然后单击【确定】按钮生成页 1，如图 1-100 所示。

图 1-98   导入图像(1)

图 1-99   导入图像(2)

(6) 选择【布局】|【再制页面】命令，打开【再制页面】对话框。在对话框中，选中【在选定的页面之后】和【仅复制图层】单选按钮，然后单击【确定】按钮生成页 2，如图 1-101 所示。

图 1-100   再制页面(1)   图 1-101   再制页面(2)

(7) 单击标准工具栏中的【导入】按钮，打开【导入】对话框。在对话框中，选中需要导入的图像，单击【导入】按钮，如图 1-102 所示。

图 1-102   导入图像(3)

(8) 选择【布局】|【再制页面】命令，打开【再制页面】对话框。在对话框中，选中【在选定

的页面之后】和【复制图层及其内容】单选按钮，然后单击【确定】按钮生成页 3，如图 1-103 所示。

(9) 选择【视图】|【页面排序器视图】命令，打开页面排序器视图，如图 1-104 所示。

图 1-103　再制页面(3)

图 1-104　页面排序器视图

(10) 在页面排序器视图中，单击页 3 并按住鼠标左键将其拖动至页 1 与页 2 中间位置，当出现红色提示线后释放鼠标左键，系统将自动按排序更改页面名称，如图 1-105 所示。

图 1-105　页面排序

(11) 单击属性栏中的【页面排序器视图】按钮 ，返回默认页面视图。打开【辅助线】泊坞窗，设置 y 为 50mm，单击【添加】按钮添加水平辅助线，如图 1-106 所示。

(12) 在【辅助线】泊坞窗中，设置【辅助线类型】为【垂直】，设置 x 为 40mm，单击【添加】按钮添加垂直辅助线，如图 1-107 所示。

图 1-106　添加辅助线(1)　　　　　　　　　　图 1-107　添加辅助线(2)

(13) 选择【插入页码】|【位于所有页】命令，插入页码。然后使用【选择】工具依据辅助线调整页码位置，如图 1-108 所示。

(14) 使用【文本】工具选中插入的页码，修改页码文本内容，然后打开【对象属性】泊坞窗调整页码文本样式，如图 1-109 所示。

图 1-108　插入页码　　　　　　　　　图 1-109　修改页码样式

(15) 选择【文件】|【保存】命令，打开【保存绘图】对话框。在对话框中选择文件保存路径，然后单击【保存】按钮，如图 1-110 所示。

图 1-110　保存绘图

1.8　习题

1. 新建一个绘图文档，并将文件页面背景设置为黄色，然后将其以"新图形"为文件名称保存在【桌面】上。

2. 打开两个绘图文档，然后在工作区中使用平铺的方法观察图形文档。

绘制图形对象

学习目标

在 CorelDRAW X8 中可以使用绘图工具直接绘制规则图形和不规则图形。它们是使用 CorelDRAW 绘制图形最为基础的部分，熟练掌握这些图形的绘制方法，可以为绘制更加复杂的图形打下坚实的基础。

本章重点

- ◉ 使用【贝塞尔】工具
- ◉ 使用【钢笔】工具
- ◉ 使用【艺术笔】工具
- ◉ 绘制连线和标注线
- ◉ 绘制几何形状

2.1 使用绘图工具

线段是两个点之间的路径。线段可以是曲线也可以是直线。线段通过节点连接，节点以小方块表示。CorelDRAW X8 提供了多种绘图工具，通过这些工具可以绘制曲线和直线，以及同时包含曲线段和直线段的线条。

2.1.1 使用【手绘】工具

使用【手绘】工具 可以自由地绘制直线、曲线和折线，还可以配合属性栏绘制出不同粗细、线型，并可以添加箭头图形。使用【手绘】工具绘制直线、曲线和折线时，操作方法有所不同，具体操作方法如下。

- 绘制直线：在要开始线条的位置单击，然后在要结束线条的位置单击。绘制时，按住 Ctrl 键可以按照预定义的角度创建直线。
- 绘制曲线：在要开始曲线的位置单击并进行拖动。在属性栏的【手绘平滑】框中输入一个值可以控制曲线的平滑度。值越大，产生的曲线越平滑。
- 绘制折线：单击鼠标以确定折线的起始点，然后在每个转折处双击鼠标，直到终点处再次单击鼠标，即可完成折线的绘制。

使用【手绘】工具还可以绘制封闭图形，当线段的终点回到起点位置时，光标变为 形状，单击鼠标左键，即可绘制出封闭图形，如图 2-1 所示。

图 2-1　绘制封闭图形

知识点

　　要在绘制时进行擦除，请按住 Shift 键，同时反向拖动鼠标。

【例 2-1】在绘图文件中，使用【手绘】工具绘制。

(1) 选择工具箱中的【手绘】工具，光标显示为 形状时即可开始绘制线条。单击并拖动鼠标，沿鼠标的移动轨迹，完成线条的绘制，如图 2-2 所示。

(2) 在属性栏中，设置【轮廓宽度】数值为 2.5mm，然后在【起始箭头】下拉列表中选择【箭头 79】样式，在【线条样式】下拉列表中选择一种线条，如图 2-3 所示。

图 2-2　绘制曲线

图 2-3　设置线条样式

② 1.2　使用【贝塞尔】工具

【贝塞尔】工具 可以绘制包含曲线和直线的复杂线条，并可以通过改变节点和控制点的位置来控制曲线的弯曲度。

- 绘制曲线段：在要放置第一个节点的位置单击，并按住鼠标左键拖动调整控制手柄；释放鼠标，将光标移动至下一节点位置单击，然后拖动控制手柄以创建曲线，如图 2-4 所示。

● 绘制直线段：在要开始该线段的位置单击，然后在要结束该线段的位置单击，如图
2-5 所示。

图 2-4　绘制曲线段　　　　　　　　　　图 2-5　绘制直线段

在使用【贝塞尔】工具进行绘制时无法一次性得到需要的图案，所以需要在绘制后进行线
条修饰。配合【形状】工具和如图 2-6 所示的属性栏，可以对绘制的贝塞尔线条进行修改。

图 2-6　【贝塞尔】工具属性栏

提示

在调节节点时，按住 Ctrl 键再拖动鼠标，可以设置角度增量为 15°，从而调整曲线弧度的大小。
在编辑过程中，按住 Alt 键不放可将节点移动到所需的位置。也可以在编辑完成后，按空格键结束，配
合【形状】工具移动节点。

②1.3　使用【钢笔】工具

在 CorelDRAW X8 中，使用【钢笔】工具不但可以绘制直线和曲线，而且可以在绘制完的
直线和曲线上添加或删除节点，从而更加方便地控制直线和曲线。【钢笔】工具的使用方法与
【贝塞尔】工具大致相同。

想要使用【钢笔】工具绘制直线线段，可以在工具箱中选择【钢笔】工具后，在绘图页面
中单击鼠标左键创建起始节点，接着移动光标出现蓝色预览线进行查看。将光标移动到结束节
点的位置后，单击鼠标左键后线条变为实线，完成编辑后双击鼠标左键，如图 2-7 所示。绘制
连续折线时，将光标移动到结束节点上，当光标变为 🖋₀ 时单击鼠标左键，即可形成闭合路径。

想要使用【钢笔】工具绘制曲线线段，可以在工具箱中选择【钢笔】工具后，移动光标至
工作区中按下鼠标并拖动，显示控制柄后释放鼠标，然后向任意方向移动，这时曲线会随光标
的移动而变化，如图 2-8 所示。当对曲线的大小和形状感到满意后双击，即可结束曲线的绘制。

图 2-7　绘制直线　　　　　　　　　　图 2-8　使用【钢笔】绘制曲线

如果想要继续绘制曲线，则在工作区所需位置单击并按下鼠标拖动一段距离后释放鼠标，即可创建出另一条曲线，如图 2-9 所示。

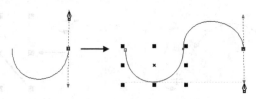

图 2-9　绘制连续曲线

知识点

在【钢笔】工具属性栏中，单击【预览模式】按钮，会在确定下一节点前自动生成一条预览当前线段的蓝线；单击【自动添加或删除节点】按钮，将光标移动到曲线上，当光标变为形状时，单击鼠标左键添加节点，当光标变为形状时，单击鼠标左键删除节点。

②1.4　使用【B 样条】工具

使用【B 样条】工具可以绘制圆滑的曲线。要使用【B 样条】工具绘制，先单击开始绘制的位置，然后单击设定绘制线条所需的控制点数。要结束线条绘制时，双击该线条即可，如图 2-10 所示。要使用控制点更改线条形状，先用【形状】工具选定线条，然后通过重新确定控制点位置来更改线条形状，如图 2-11 所示。要增加控制点，先用【形状】工具选择线条，然后沿控制线条双击鼠标即可。要删除控制点，先用【形状】工具选择线条，然后双击要删除的控制点即可。

图 2-10　使用【B 样条】工具绘制

图 2-11　调整控制点

②1.5　使用【折线】工具

【折线】工具的使用方法与【手绘】工具基本相同，要绘制直线段，在要开始该线段的位置单击，然后在要结束该线段的位置单击。要绘制曲线段，在要开始该线段的位置单击，并在绘图页面中进行拖动。可以根据需要添加任意多条线段，并在曲线段与直线段之间进行切换，最后双击鼠标即可结束操作。

②1.6 使用【2点线】工具

使用【2点线】工具 ✐ 可以绘制直线，还可以创建与图形对象垂直或相切的直线，如图2-12所示。

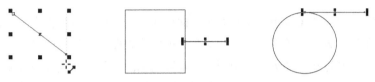

图 2-12 使用【2点线】工具

- ⦿ 绘制直线：使用【2点线】工具在页面中单击，按住鼠标左键不放并拖动到所需的位置，然后释放鼠标左键即可。
- ⦿ 绘制连续线段：使用【2点线】工具绘制一条直线后不移开光标，当光标变为 时，按住鼠标左键拖曳绘制即可。连续绘制到首尾节点合并，可以形成封闭图形。

【2点线】工具的属性栏里可以切换绘制的2点线的类型，如图2-13所示。

图 2-13 【2点线】工具属性栏

- ⦿ 【2点线工具】按钮 ✐：连接起点和终点绘制一条直线。
- ⦿ 【垂直2点线】按钮 ✑：绘制一条与现有对象或线段垂直的2点线。
- ⦿ 【相切2点线】按钮 ◯：绘制一条与现有对象或线段相切的2点线。

②1.7 使用【3点曲线】工具

使用【3点曲线】工具 ✐ 可以通过指定曲线的宽度和高度来绘制简单曲线。使用此工具，可以快速创建弧形，而无须控制节点。选择工具箱中的【3 点曲线】工具后，移动光标至工作区中按下鼠标设置曲线起始点，再拖动光标至终点位置释放鼠标，这样就确定了曲线的两个节点，然后再向其他方向拖动鼠标，这时曲线的弧度会随光标的拖动而变化，对曲线的大小和弧度满意后单击，即可完成曲线的绘制，如图2-14所示。

图 2-14 使用【3点曲线】工具

②1.8 使用【智能绘图】工具

使用【智能绘图】工具 ✐ 绘制时，可对手绘笔触进行识别，并将手绘图形转换为基本形状，如图2-15所示。

图 2-15　使用【智能绘图】工具

矩形和椭圆将被转换为 CorelDRAW 对象；梯形和平行四边形将被转换为【完美形状】对象；而线条、三角形、方形、菱形、圆形和箭头将被转换为曲线对象。如果某个对象未转换为基本形状，则可以对其进行平滑处理。用形状识别所绘制的对象和曲线都是可编辑的，而且还可以设置 CorelDRAW 识别形状并将其转换为对象的等级，指定对曲线应用的平滑量。在工具属性栏中，可以设置【形状识别等级】和【智能平滑等级】选项，如图 2-16 所示。

图 2-16　【智能绘图】工具属性栏

⦿　【形状识别等级】选项：用于选择系统对形状的识别程度。

⦿　【智能平滑等级】选项：用于选择系统对形状的平滑程度。

计算机基础与实训教材系列

提示

　　用户还可以设置从创建笔触到实现形状识别所需的时间。选择【工具】|【自定义】命令，打开【选项】对话框。在对话框的左侧列表中选择【工作区】|【工具箱】|【智能绘图工具】选项，然后在右侧拖动【绘图协助延迟】滑块，如图 2-17 所示。最短延迟为 10 毫秒，最长延迟为 2 秒。

图 2-17　设置绘图协助延迟

② 1.9　使用【艺术笔】工具

使用【艺术笔】工具 可以绘制出各种艺术线条。【艺术笔】工具在属性栏中分为【预设】、【笔刷】、【喷涂】、【书法】和【压力】5 种笔刷模式。用户想要选择不同的笔触，只需在【艺术笔】工具属性栏上单击相应的模式按钮即可。选择所需的笔触时，其工具栏属性也将随之改变。

1.【预设】模式

　　【艺术笔】工具的【预设】笔触包含多种类型的笔触，其默认状态下所绘制的是一种轮廓比较圆滑的笔触，用户也可以在工具属性栏的【预设笔触列表】中选择所需笔触样式。选择【艺术笔】工具后，在属性栏中会默认选择【预设】按钮，如图 2-18 所示。

图 2-18　【艺术笔】工具属性栏

⦿ 【预设笔触】选项：在其下拉列表中可选择系统提供的笔触样式。

⦿ 【手绘平滑】选项：其数值决定线条的平滑程度。程序提供的平滑度最高是 100，可根据需要调整其参数设置。

⦿ 【笔触宽度】选项：用于设置笔触的宽度。

在属性栏中设置好相应的参数，然后在绘图页面中按住鼠标左键并拖动，即可绘制出所选的笔触形状，如图 2-19 所示。

图 2-19　预设笔触绘制效果

2. 【笔刷】模式

CorelDRAW X8 提供了多种笔刷样式供用户选择。在使用笔刷笔触时，可以在属性栏中设置笔刷的属性，如图 2-20 所示。

图 2-20　【笔刷】模式的属性栏

⦿ 【类别】选项：在其下拉列表中，可以为所选的【艺术笔】工具选择一个类别，如图 2-21 所示。

⦿ 【笔刷笔触】选项：在其下拉列表中可选择系统提供的笔触样式，如图 2-22 所示。

⦿ 【浏览】按钮：可浏览磁盘中的文件夹。

⦿ 【保存艺术笔触】按钮：自定义笔触后，将其保存到笔触列表。

⦿ 【手绘平滑】选项：决定线条的平滑程度。

⦿ 【笔触宽度】选项：在其数值框中输入数值来决定笔触的宽度。

图 2-21　【类别】选项　　　　　图 2-22　【笔刷笔触】选项

【例 2-2】在 CorelDRAW X8 中，创建自定义艺术笔触，并将其保存为预设。

(1) 选择工具箱中的【选择】工具，选择要保存为画笔笔触的图形对象，如图 2-23 所示。

(2) 选择【艺术笔】工具属性栏中的【笔刷】按钮，再单击属性栏中的【保存艺术笔触】按钮![img]，打开【另存为】对话框，如图 2-24 所示。

图 2-23　选择对象　　　　　图 2-24　打开【另存为】对话框

(3) 在打开的【另存为】对话框的【文件名】文本框中输入笔触名称"水墨蝴蝶"，然后单击【保存】按钮，即可将所选的图形保存。在【类别】下拉列表中选择【自定义】选项，然后单击【笔刷笔触】列表右侧的![img]按钮，即可查看刚才保存的笔触，如图 2-25 所示。

图 2-25　保存艺术笔触

3. 【喷涂】模式

CorelDRAW X8 允许在线条上喷涂一系列对象。除图形和文本对象外，还可导入位图和符号来沿线条喷涂。

用户通过如图 2-26 所示的属性栏，可以调整对象之间的间距；可以控制喷涂线条的显示方式，使它们相互之间距离更近或更远；也可以改变线条上对象的顺序。CorelDRAW X8 还允许改变对象在喷涂线条中的位置，方法是沿路径旋转对象，或使用替换、左、随机和右 4 种不同的选项之一偏移对象。另外，用户还可以使用自己的对象来创建新喷涂列表。

图 2-26　喷涂模式的属性栏

- **【类别】选项**：在其下拉列表中，可以为所选的【艺术笔】工具选择一个类别，如图 2-27 所示。

⚫ 【喷射图样】选项：在其下拉列表中可选择系统提供的笔触样式，如图 2-28 所示。

图 2-27　【类别】选项

图 2-28　【喷射图样】选项

⚫ 【喷涂列表选项】选项：用来设置喷涂对象的顺序和设置喷涂对象。
⚫ 【喷涂对象大小】选项：用于设置喷涂对象的缩放比例。
⚫ 【喷涂顺序】选项：在其下拉列表中提供了【随机】、【顺序】和【按方向】3 个选项，可选择其中一种喷涂顺序来应用到对象上。
⚫ 【每个色块中的图像数和图像间距】选项：上方数值框中输入数值，可设置每个喷涂色块中的图像数；下方数值框中输入数值，可调整喷涂笔触中各个色块之间的距离。
⚫ 【旋转】按钮：在弹出的下拉面板中设置旋转角度，可以使喷涂对象按一定角度旋转。
⚫ 【偏移】按钮：在弹出的下拉面板中设置偏移量，可以使喷涂对象中各个元素产生相应位置上的偏移。
⚫ 【随对象一起缩放笔触】按钮：单击该按钮，可将变换应用到艺术笔触宽度。

【例 2-3】在绘图文件中，创建新喷涂列表，并进行设置。

(1) 在绘图文件中，选择【艺术笔】工具并选中需要创建为喷涂预设的对象，在属性栏中单击【喷涂】工具，在【喷射图样】下拉列表中选择【新喷涂列表】，然后单击属性栏中的【添加到喷涂列表】按钮，将该对象添加到喷涂列表中，如图 2-29 所示。

图 2-29　添加对象到喷涂列表中

(2) 继续使用【艺术笔】工具分别选中其他图形，并单击属性栏中的【添加到喷涂列表】按钮，将其他对象添加到列表中。然后使用【艺术笔】工具在页面中绘制如图 2-30 所示的线条。

(3) 单击工具属性栏中的【喷涂列表选项】按钮，打开【创建播放列表】对话框。在打开的【创建播放列表】对话框的【播放列表】中选择【图像 1】，单击【下移】按钮，然后单击【确定】按钮，如图 2-31 所示。

图 2-30　绘制线条

图 2-31　设置播放列表

(4) 在【喷涂】工具属性栏中，设置【喷涂对象大小】为 70%，在【每个色块中的图像数和图像间距】选项的下方数值框中输入 15；单击属性栏中的【偏移】按钮，在弹出的下拉面板中选中【使用偏移】复选框，设置【偏移】数值为 12mm，并在【方向】下拉列表中选择【替换】选项。此时，先前绘制的线条会根据设置发生相应变化，如图 2-32 所示。

提示

　　【创建播放列表】对话框中的【添加】按钮可以将喷涂列表中的图像添加到播放列表中；【移除】按钮可以删除播放列表中选择的图像；【全部添加】按钮可以将喷涂列表中的所有图像添加到播放列表中；【消除】按钮可以删除播放列表中的所有图像。

图 2-32　设置喷涂效果

4.【书法】模式

CorelDRAW X8 允许在绘制线条时模拟书法钢笔的效果。书法线条的粗细会随着线条的方向和笔头的角度而改变，如图 2-33 所示。默认情况下，书法线条显示为铅笔绘制的闭合形状。通过改变相对于所选的书法角度绘制的线条的角度，可以控制书法线条的粗细。

图 2-33　书法线条

在工具属性栏中调节【书法角度】参数值，可设置图形笔触的倾斜角度。用户设置的宽度是指线条的最大宽度。用户还可以选择【效果】|【艺术笔】菜单命令，然后在【艺术笔】泊坞窗中根据需要对书法线条进行设置。

5．【压力】模式

压力笔触主要用于配合数码绘画笔进行手绘编辑。在【艺术笔】工具属性栏中单击【压力】按钮，其属性栏设置如图 2-34 所示。

在使用鼠标进行绘制时，压力笔触不能表现出压力效果，绘制的图形效果和简单的笔刷一样。如果电脑连接并安装了绘图板，在通过绘图板使用【艺术笔】工具进行绘画时，在单击属性栏中的【压力】按钮后，使用绘图笔在绘图板上进行绘画时，所绘制的笔触宽度会根据用笔压力的大小变化而变化。在绘图时用笔的压力越大，绘制的笔触宽度就越宽，反之则越细。

图 2-34　压力笔触属性栏

②1.10　绘制连线和标注线

使用连线和标注线可以绘制丰富多彩的流程图，为图形对象添加说明性标注。

1．绘制连线

用户可以在流程图或组织图中绘制流程线，将图形连接起来。当移动其中一个或两个连接的对象时，这些线条可以使对象保持连接状态。在 CorelDRAW X8 中，提供了【直线连接器】、【直角连接器】和【圆直角连接符】3 种连线工具。

- 【直线连接器】工具：用于以任意角度创建直线连线，如图 2-35 所示。

图 2-35　使用【直线连接器】工具

- 【直角连接器】工具：用于创建包含直角的垂直和水平线段的连线，如图 2-36 所示。
- 【圆直角连接符】工具：用于创建包含圆形直角的垂直和水平元素的连线，如图 2-37 所示。

图 2-36　使用【直角连接器】工具　　图 2-37　使用【圆直角连接符】工具

【例2-4】在绘图文件中，使用连线工具绘制流程图。

(1) 选择【文件】|【打开】命令，打开【打开绘图】对话框。在对话框中，选中绘图文件，然后单击【打开】按钮，如图2-38所示。

图 2-38　打开文档

(2) 选择【直线连接器】工具，从第一个对象上的锚点拖至第二个对象上的锚点，然后在属性栏中【终止箭头】下拉列表中选择【箭头4】，设置【轮廓宽度】数值为1mm，并在调色板中将轮廓色设置为红色，如图2-39所示。

图 2-39　绘制连线(1)

(3) 使用【直线连接器】工具，按照步骤(2)的操作方法，在绘图页面中绘制其他按钮之间的直线连接线，如图2-40所示。

(4) 选择【直角连接器】工具，从第一个对象上的锚点拖至第二个对象上的锚点。在属性栏中选择一种线条样式，在【终止箭头】下拉列表中选择【箭头 4】，设置【轮廓宽度】数值为 1 mm，并在调色板中将轮廓色设置为红色，如图2-41所示。

图 2-40　绘制连线(2)　　　　　　　　　　图 2-41　绘制连线(3)

(5) 继续使用【直角连接器】工具，按照步骤(4)的操作方法，在绘图页面中绘制其他按钮之间的连接线，如图 2-42 所示。

图 2-42　绘制连线(4)

提示

默认情况下，对象在绘图页面中移动时，添加至对象的锚点不可用作连线的贴齐点。要将锚点用作贴齐点，使用【编辑锚点】工具将其选中，然后单击属性栏上的【自动锚点】按钮◆即可，如图 2-43 所示。

图 2-43　使用【自动锚点】工具

计算机基础与实训教材系列

2. 【编辑锚点】工具

【编辑锚点】工具用于修饰连接线、变更连接线节点等操作，【编辑锚点】工具属性栏如图 2-44 所示。

图 2-44　【编辑锚点】工具属性栏

- 【调整锚点方向】按钮：单击该按钮可以按指定度数调整锚点方向。
- 【锚点方向】数值框：在数值框中输入数值可以变更锚点方向，单击【调整锚点方向】按钮，即可激活数值框，输入数值为直角度数 0°、90°、180°、270°，只能变更直角连接线的方向。
- 【自动锚点】按钮◆：单击该按钮可允许锚点成为连接线的贴齐点。
- 【删除锚点】按钮：单击该按钮可以删除对象中的锚点。

在工具箱中选择【编辑锚点】工具，然后单击对象选中需要变更方向的连接线锚点，接着在属性栏中单击【调整锚点方向】按钮激活数值框，然后在数值框中输入数值，按回车键完成操作，如图 2-45 所示。

选择【编辑锚点】工具，在要添加锚点的对象上双击鼠标左键添加锚点。新增加的锚点会以蓝色空心方块标示，可以在新增加的锚点上添加连接线，如图 2-46 所示。

图 2-45　调整锚点方向　　　　图 2-46　添加锚点

选择【编辑锚点】工具，单击选中连接线上需要移动的锚点，然后按住鼠标移动到对象的其他锚点、中心点或任意位置上即可，如图 2-47 所示。

图 2-47　移动锚点

> **知识点**
>
> 　　选择【编辑锚点】工具，单击选中对象上需要删除的锚点，然后单击属性栏中的【删除锚点】按钮即可删除该锚点，也可以双击该锚点将其删除。

3. 绘制标注线

　　【3 点标注】工具可以快捷地为对象添加文字性的标注说明。要绘制标注线，首先单击要放置箭头的位置，然后将光标移动至要结束第一条线段的位置，释放鼠标，最后单击结束第二条线段，再输入标注文字即可，如图 2-48 所示。

图 2-48　使用【3 点标注】工具

在【3 点标注】工具属性栏中可以设置标注线样式效果，如图 2-49 所示。

图 2-49　【3 点标注】工具属性栏

- ◉　【标注形状】选项：单击该下拉列表，可以从弹出的列表中选择标注线样式，如图 2-50 所示。
- ◉　【间隙】数值框：输入数值可设置文本和标注图形之间的距离。
- ◉　【起始箭头】选项：单击该下拉列表，可以从弹出的列表中选择标注线起始端箭头的样式，如图 2-51 所示。

图 2-50　【标注形状】选项　　　　　　　图 2-51　【起始箭头】选项

②1.11　绘制尺度线

　　使用度量工具可以方便、快捷地测量出对象的水平、垂直距离，倾斜角度，以及标注等。

在【平行度量】工具上按下鼠标左键不放，即可展开工具组，其中包括【平行度量】、【水平或垂直度量】、【角度量】和【线段度量】4 种度量工具。

1．【平行度量】工具

【平行度量】工具用于为对象测量两个节点之间的实际距离，并添加标注。要绘制一条平行度量线，单击开始线条的点，然后拖动至度量线的终点；松开鼠标，然后沿水平或垂直方向移动指针来确定度量线的位置，如图 2-52 所示。

图 2-52　使用【平行度量】工具

选择【平行度量】工具后，其工具属性栏如图 2-53 所示，用户可以通过设置属性栏来设置度量线的外观。

图 2-53　【平行度量】工具属性栏

- ◉ 【度量样式】：在下拉列表中选择度量线的样式，包含【十进制】、【小数】、【美国工程】和【美国建筑学的】4 种，默认情况下使用【十进制】进行度量。
- ◉ 【度量精度】选项：在下拉选项中选择度量线的测量精度，方便用户得到精确的测量结果。
- ◉ 【尺寸单位】：在下拉选项中选择度量线的测量单位。
- ◉ 【显示单位】按钮：单击该按钮，在度量线文本后显示测量单位。
- ◉ 【显示前导零】：当值小于 1 时在度量线测量中显示前导零。
- ◉ 【前缀】/【后缀】文本框：在其中输入相应的前缀或后缀文字，在测量文本中显示前缀或后缀。
- ◉ 【动态度量】按钮：在重新调整度量线时，单击该按钮可以自动更新测量数值；反之数值不变。
- ◉ 【文本位置】按钮：在弹出的下拉列表中可依据度量线定位度量标注文本，如图 2-54 所示。
- ◉ 【延伸线选项】按钮：在弹出的下拉面板中可以自定义延伸线样式，如图 2-55 所示。

图 2-54　【文本位置】

图 2-55　【延伸线选项】

【例 2-5】在打开的绘图文件中，使用【平行度量】工具测量对象。

(1) 在 CorelDRAW X8 中，打开绘图文件。在工具箱中选择【平行度量】工具，在对象边缘的端点上单击鼠标，移动光标至边缘的另一端点单击，出现尺寸线后，在尺寸线的垂直方向上拖动尺寸线，调整好尺寸线与对象之间的距离后，单击鼠标，系统将自动添加尺寸线，如图 2-56 所示。

(2) 继续使用【平行度量】工具，在对象边缘的端点上单击鼠标，移动光标至边缘的另一端点单击，出现尺寸线后，在尺寸线的垂直方向上拖动尺寸线，调整好尺寸线与对象之间的距离后，单击鼠标，系统将自动添加尺寸线，如图 2-57 所示。

图 2-56　添加尺寸线(1)

图 2-57　添加尺寸线(2)

(3) 使用【选择】工具选中添加的尺寸线，在工具属性栏的【度量精度】下拉列表中选择 0，在【度量单位】下拉列表中选择【毫米】，在【前缀】文本框中输入"尺寸"，调整尺寸线，如图 2-58 所示。

(4) 选择【选择】工具，选中尺寸线上的文字标注，并在属性栏中设置标注文字的字体为黑体，字体大小为 16pt，如图 2-59 所示。

图 2-58　设置标注

图 2-59　设置标注字体

2. 【水平或垂直度量】工具

使用【水平或垂直度量】工具可以标注出对象的垂直距离和水平距离。其使用方法与【平行度量】工具相同，如图 2-60 所示。在使用该工具时按 Ctrl 键，可按在 15°的整数倍方向上移动标注线。在属性栏的尺寸单位下拉列表中可设置数值的单位，在文本位置下拉列表中可自行选择需要的标注样式。

图 2-60　使用【水平或垂直度量】工具

3. 【角度量】工具

使用【角度量】工具可准确地测量出所定位的角度。要绘制角度量线，先在想要测量角度的两条线相交的位置单击，然后拖动至要结束第一条线的位置，释放鼠标，将光标移动至要结束第二条线的位置，达到正确角度后双击鼠标即可，如图 2-61 所示。在使用【度量】工具前，可以在属性栏中设置角的单位，包括【度】、【°】、【弧度】和【粒度】，如图 2-62 所示。

图 2-61　使用【角度量】工具

图 2-62　度量单位选项

4. 【线段度量】工具

使用【线段度量】工具可以绘制一条线段度量线。首先，使用【线段度量】工具在要测量的线段上任意位置单击，然后，将光标移动至要放置度量线的位置，在要放置尺寸文本的位置单击即可度量线段，如图 2-63 所示。

图 2-63　使用【线段度量】工具

2.2　绘制几何图形

在 CorelDRAW X8 中，使用形状工具可以很容易地绘制出一些基本形状，如矩形、椭圆形、星形和螺纹等。

② 2.1 绘制矩形、方形

使用【矩形】工具□和【3 点矩形】工具□都可以绘制出用户所需要的矩形或正方形,并且通过属性栏还可以绘制出圆角、扇形角和倒棱角矩形。

1.【矩形】工具

要绘制矩形,在工具箱中选择【矩形】工具,在绘图页面中按下鼠标并拖动出一个矩形轮廓,拖动矩形轮廓范围至合适大小时释放鼠标,即可创建矩形。在绘制矩形时,按住 Ctrl 键并按下鼠标拖动,可以绘制出正方形,如图 2-64 所示。

图 2-64 使用【矩形】工具

💿 **提示**

在绘制时按住 Shift 键可以起始点为中心开始绘制一个矩形,同时按住 Shift 键和 Ctrl 键则可以起始点为中心绘制正方形。

选择【矩形】工具时,工具属性栏显示为如图 2-65 所示的【矩形】工具属性栏。在该工具属性栏中通过设置参数选项,用户不仅可以精确地绘制矩形或正方形,而且还可以绘制出不同角度的矩形或正方形。

图 2-65 【矩形】工具属性栏

💿 **提示**

绘制好矩形后,选择【形状】工具,将光标移至所选矩形的节点上,拖动其中任意一个节点,均可得到圆角矩形,如图 2-66 所示。另外,属性栏中除提供了【圆角】按钮◻️外,还提供了【扇形角】按钮◻️和【倒棱角】按钮◻️,单击按钮可变换角效果,如图 2-67 所示。

图 2-66 调整矩形的圆角度

图 2-67 变换角效果

【例2-6】在 CorelDRAW 中，绘制手机软件图标。

(1) 在 CorelDRAW 中，单击【新建】按钮，打开【创建新文档】对话框。在对话框中的【名称】文本框中输入"手机软件图标"，设置【宽度】和【高度】数值为100mm，在【原色模式】下拉列表中选择 RGB 选项，然后单击【确定】按钮，如图 2-68 所示。

(2) 在【辅助线】泊坞窗中，设置 y 数值为 50mm，单击【添加】按钮；再单击【辅助线类型】按钮，从弹出的下拉列表中选择【垂直】选项，设置 x 数值为 50mm，然后单击【添加】按钮，如图 2-69 所示。

图 2-68　新建文档　　　　　　　　　　图 2-69　添加辅助线

(3) 选择【矩形】工具，按住 Shift 键和 Ctrl 键单击辅助线的交叉点，并向外拖动绘制正方形。在属性栏中，设置对象大小的【宽度】数值为 80mm，【转角半径】数值为 5mm，【轮廓宽度】数值为 1.2mm，如图 2-70 所示。

(4) 在调色板中，右击【40% 黑】色板填充轮廓线，并按 F11 键打开【编辑填充】对话框。在对话框中，设置渐变填充为 R:221 G:221 B:221 至 R:202 G:202 B:202 至 R:235 G:235 B:235 至 R:255 G:255 B:255，【旋转】数值为 90°，然后单击【确定】按钮，如图 2-71 所示。

图 2-70　绘制图形　　　　　　　　　　图 2-71　填充图形

(5) 选择【窗口】|【泊坞窗】|【变换】|【大小】命令，打开【变换】泊坞窗。设置 x 数值为 75mm，【副本】数值为 1，然后单击【应用】按钮，如图 2-72 所示。

(6) 在调色板中，右击【无】色板将轮廓色设置为无，然后按 F11 键打开【编辑填充】对话框。在对话框中，设置渐变填充为 R:198 G:216 B:9 至 R:122 G:151 B:57 至 R:96 G:123 B:62，然后单击【确定】按钮，如图 2-73 所示。

图 2-72　缩放图形

图 2-73　填充图形

(7) 在【变换】泊坞窗中，设置 x 数值为 72mm，【副本】数值为 1，然后单击【应用】按钮。再在调色板中，将填充色设置为白色，如图 2-74 所示。

(8) 选择【透明度】工具在创建的矩形上拖动，创建渐变效果，如图 2-75 所示。

图 2-74　创建并填充图形　　　　图 2-75　使用【透明度】工具

(9) 按 Ctrl+C 组合键复制刚调整过的透明矩形，按 Ctrl+V 组合键粘贴，接着使用【透明度】工具重新调整透明度效果，如图 2-76 所示。

(10) 在标准工具栏中，单击【导入】按钮，打开【导入】对话框。在对话框中，选择所需要的图形文档，然后单击【导入】按钮，如图 2-77 所示。

图 2-76　重新调整图形　　　　　图 2-77　导入图形

(11) 在绘图文档中，单击导入图形，并打开【对齐与分布】泊坞窗。在泊坞窗中的【对齐对象到】选项区中单击【页面边缘】按钮，再在【对齐】选项区中单击【水平居中对齐】按钮和【垂直居中对齐】按钮，如图 2-78 所示。

　　(12) 按 F12 键，打开【轮廓笔】对话框。在对话框中，设置【宽度】数值为 2mm，颜色为白色，【斜接限制】数值为 30°，在【位置】选项区中单击【外部轮廓】按钮，然后单击【确定】按钮，如图 2-79 所示。

图 2-78　对齐图形

图 2-79　设置轮廓

　　(13) 保持导入图形的选中状态，选择【对象】|【将轮廓转换为对象】命令，如图 2-80 所示。

　　(14) 按 F11 键，打开【编辑填充】对话框。在对话框中，设置渐变填充为 R:204 G:204 B:204 至 R:255 G:255 B:255，【旋转】数值为 90°，然后单击【确定】按钮，如图 2-81 所示。

图 2-80　将轮廓转换为对象

图 2-81　填充图形

　　(15) 在标准工具栏中，单击【保存】按钮，打开【保存绘图】对话框。在对话框中，单击【保存】按钮保存绘图文档，如图 2-82 所示。

图 2-82　保存绘图文档

计算机基础与实训教材系列

2. 【3 点矩形】工具

在 CorelDRAW X8 应用程序中，用户还可以使用工具箱中的【3 点矩形】工具绘制矩形。单击工具箱中的【矩形】工具图标右下角的黑色小三角按钮，在打开的工具组中选择【3 点矩形】工具；然后在工作区中按下鼠标并拖动至合适位置时释放鼠标，创建出矩形图形的一边；再移动光标设置矩形图形另外一边的长度范围，在合适位置单击【确定】按钮即可绘制矩形，如图 2-83 所示。

图 2-83　使用【3 点矩形】工具

② 2.2　绘制椭圆形、圆形、弧形和饼形

使用工具箱中的【椭圆形】工具 和【3 点椭圆形】工具 ，可以绘制椭圆形和圆形。另外，通过设置【椭圆形】工具属性栏还可以绘制饼形和弧形。

1. 【椭圆形】工具

要绘制椭圆形，在工具箱中选择【椭圆形】工具，在绘图页面中按下鼠标并拖动，绘制出一个椭圆轮廓，拖动椭圆轮廓范围至合适大小时释放鼠标，即可创建椭圆形，如图 2-84 所示。在绘制椭圆形的过程中，如果按住 Shift 键，则会以起始点为圆点绘制椭圆形；如果按住 Ctrl 键，则绘制圆形；如果按住 Shift+Ctrl 组合键，则会以起始点为圆心绘制圆形。

图 2-84　使用【椭圆形】工具

完成椭圆形绘制后，单击工具属性栏中的【饼图】按钮 ，可以改变椭圆形为饼形；单击工具属性栏中的【弧】按钮 ，可以改变椭圆形为弧形，如图 2-85 所示。

图 2-85　变更设置

2. 【3 点椭圆形】工具

在 CorelDRAW X8 应用程序中，用户还可以使用工具箱中的【3 点椭圆形】工具绘制椭圆形。单击工具箱中的【椭圆形】工具图标右下角的黑色小三角按钮，在打开的工具组中选择【3 点椭圆形】工具。使用【3 点椭圆形】工具绘制椭圆形时，用户可以在确定椭圆的直径后，沿该直径的垂直方向拖动鼠标，在合适位置释放鼠标后，即可绘制出带有角度的椭圆形，如图 2-86 所示。在使用【3 点椭圆形】工具绘制时，按住 Ctrl 键进行拖动可以绘制一个圆形。

图 2-86 使用【3 点椭圆形】工具

②2.3 绘制多边形

多边形是由多个边线组成的规则图形。用户可以使用【多边形】工具□自定义多边形的边数，多边形的边数最少可设置为 3 条边，即三角形。设置的边数越大，多边形越接近圆形。

在工具箱中选择【多边形】工具，移动光标至绘图页面中，按下鼠标并向斜角方向拖动出一个多边形轮廓，拖动至合适大小时释放鼠标，即可绘制出一个多边形，如图 2-87 所示。默认情况下，多边形边数为 5。使用【多边形】工具绘制多边形时，如果按住 Shift 键，会以起始点为中心绘制多边形；如果按住 Ctrl 键，可以绘制正多边形；如果按住 Shift+Ctrl 组合键可以以起始点为中心绘制正多边形。

选择【形状】工具拖动多边形任一边上的节点，其余各边的节点也会发生相应的变化，如图 2-88 所示。

图 2-87 使用【多边形】工具   图 2-88 拖动节点

②2.4 绘制星形

使用【星形】工具☆和【复杂星形】工具✿可以绘制出不同效果的星形，如图 2-89 所示。其绘制方法与多边形的绘制方法基本相同，同时还可以在工具属性栏中更改星形的锐度。在绘制星形时，如果按住 Shift 键，会以起始点为中心绘制星形；如果按住 Ctrl 键，可以绘制正星形；如果按住 Shift+Ctrl 组合键可以以起始点为中心绘制正星形。

图 2-89 绘制星形和复杂星形

提示

选择【星形】或【复杂星形】工具后，其工具属性栏中的【锐度】是指星形边角的尖锐程度。设置不同的边数后，星形的尖锐度也各不相同。当复杂星形的端点数低于 7 时，不能设置锐度。通常情况下，复杂星形的点数越多，边角的尖锐度越高，如图 2-90 所示。

图 2-90 设置【锐度】

② 2.5 绘制螺纹

使用工具箱中的【螺纹】工具 ⊚，可以绘制出螺纹图形，绘制的螺纹图形有对称式螺纹和对数式螺纹两种。默认设置下使用【螺纹】工具绘制的图形为对称式螺纹。

使用【螺纹】工具绘制螺纹图形时，如果按住 Shift 键，可以以起始点为中心绘制螺纹图形；如果按住 Ctrl 键，可以绘制圆螺纹图形；如果按住 Shift+Ctrl 组合键，可以以起始点为中心绘制圆螺纹图形。

- ⊚ 对称式螺纹 ⊚：指螺纹均匀扩展，具有相等的螺纹间距，如图 2-91 所示。
- ⊚ 对数式螺纹 ⊚：指螺纹中心不断向外扩展的螺旋方式，螺纹间的距离从内向外不断扩大，如图 2-92 所示。

图 2-91 对称式螺纹   图 2-92 对数式螺纹

② 2.6 绘制网格

使用【图纸】工具 ▦，可以绘制不同行数和列数的网格图形，绘制出的网格是由一组矩形或正方形群组组成的。用户也可以取消群组，使其成为独立的矩形或正方形。

在工具箱中选择【图纸】工具，在工具属性栏的【图纸行和列数】数值框中输入数值指定行数和列数，然后在绘图页面中按下鼠标并拖动创建网格，如图 2-93 所示。如果要从中心向外绘制网格，可在拖动鼠标时按住 Shift 键；如果要绘制方形单元格的网格，可在拖动鼠标时按住 Ctrl 键。

图 2-93　绘制网格

知识点

要拆分网格，先使用【选择】工具选择一个网格图形，然后单击【对象】|【组合】|【取消组合对象】命令，或单击工具属性栏中的【取消组合所有对象】按钮即可。

② 2.7　绘制预置形状

在 CorelDRAW X8 应用程序中，为了方便用户，在工具箱中将一些常用的形状进行了编组。包括【基本形状】工具 、【箭头形状】工具 、【流程图形状】工具 、【标题形状】工具 和【标注形状】工具 5 组形状工具。每个基本形状工具都包含多个基本扩展图形，选择工具后，在属性栏中单击【完美形状】按钮，从弹出的下拉列表框中选择一种形状，然后在绘图页面中单击鼠标左键并拖动，释放鼠标左键即可完成绘制，如图 2-94 所示。

图 2-94　绘制预置图形

- ⊙ 【基本形状】工具可以快速绘制梯形、心形、圆柱形和水滴等基本形状。
- ⊙ 【箭头形状】工具可以快速绘制路标、指示牌和方向引导标示，移动轮廓沟槽可以修改形状。
- ⊙ 【流程图形状】工具可以快速绘制数据流程图和信息流程图，不能通过轮廓沟槽修改形状。
- ⊙ 【标题形状】工具可以快速绘制标题栏、旗帜标语、爆炸效果，还可以通过轮廓沟槽修改形状。
- ⊙ 【标注形状】工具可以快速绘制补充说明和对话框，还可以通过轮廓沟槽修改形状。

个别形状在绘制时会出现红色轮廓沟槽，通过轮廓沟槽可以修改形状的造型。将光标放在红色轮廓沟槽上，按住鼠标左键可以修改形状，如图 2-95 所示。在预定义形状中，直角形、心形、闪电形状、爆炸形状和流程图形状均不包含轮廓沟槽。

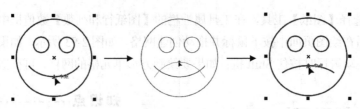

图 2-95　修改形状

2.3　上机练习

本章的上机练习通过制作 CD 封套，使用户更好地掌握本章所介绍的图形对象的创建与编辑的基本操作方法和技巧。

(1) 在 CorelDRAW X8 应用程序中，选择【文件】|【新建】命令，新建一个 A4 大小、横向的空白文档。选择【窗口】|【泊坞窗】|【辅助线】命令，打开【辅助线】泊坞窗。设置 y 数值为 110mm，单击【添加】按钮，如图 2-96 所示。

(2) 在【辅助线】泊坞窗的【辅助线类型】下拉列表中选择【垂直】选项，设置 x 数值为 99mm，单击【添加】按钮；再设置 x 数值为 198mm，单击【添加】按钮，如图 2-97 所示。

图 2-96　添加辅助线(1)

图 2-97　添加辅助线(2)

(3) 在泊坞窗中，选中添加的水平和垂直辅助线，然后单击泊坞窗底部的【锁定辅助线】按钮。选择工具箱中的【矩形】工具，将光标放置在辅助线交叉点上单击，然后按住 Shift+Ctrl 组合键拖动创建正方形，如图 2-98 所示。

(4) 在属性栏的【对象大小】选项中设置刚绘制的矩形宽度和高度均为 130mm，设置【轮廓宽度】数值为 1mm，如图 2-99 所示。

(5) 按 Ctrl+C 组合键复制，按 Ctrl+V 组合键粘贴，然后在属性栏中设置对象原点为左下，设置对象【宽度】数值为 125mm，取消选中【编辑所有角】按钮，设置右上的【转角半径】数值为 60mm，【轮廓宽度】数值为 0.5mm，如图 2-100 所示。

图 2-98　绘制图形　　　　　　　　　　　图 2-99　编辑图形

(6) 选择【矩形】工具，将光标移至辅助线的交叉处，按住 Shift 键单击并拖动绘制矩形，然后在属性栏中选中【编辑所有角】按钮，设置【转角半径】数值为 12mm，【轮廓宽度】数值为 0.5mm，如图 2-101 所示。

图 2-100　绘制图形(1)　　　　　　　　　图 2-101　绘制图形(2)

(7) 选择工具箱中的【椭圆形】工具,将光标放置在辅助线交叉点上单击,然后按住 Shift+Ctrl 组合键拖动创建圆形，如图 2-102 所示。

(8) 在属性栏中，设置对象原点为中间，设置对象【宽度】数值为 125mm，设置【轮廓宽度】数值为 1mm，如图 2-103 所示。

图 2-102　绘制图形(3)　　　　　　　　　图 2-103　编辑图形

(9) 按 Ctrl+C 组合键复制，按 Ctrl+V 组合键粘贴，然后在属性栏中设置对象【宽度】数值为 121mm，【轮廓宽度】数值为 0.2mm，如图 2-104 所示。

(10) 使用步骤(9)的操作方法再分别创建直径为 49mm、46mm 和 28mm 的圆形，并将最后绘制的圆形轮廓宽度设置为 1mm，如图 2-105 所示。

图 2-104　复制变换图形(1)　　　　　　图 2-105　复制变换图形(2)

(11) 选择工具箱中的【选择】工具，选中所绘制的圆形，并在调色板中单击白色色板，填充颜色。然后按 Ctrl+G 组合键组合对象，如图 2-106 所示。

(12) 按 Ctrl+PageDown 组合键两次，将组合对象向后层移动，如图 2-107 所示。

图 2-106　组合对象　　　　　　图 2-107　调整对象叠放顺序

(13) 选择工具箱中的【选择】工具，按住 Shift 键选中步骤(5)和步骤(6)中所绘制的图形，并单击属性栏中的【修剪】按钮 修剪图形对象，如图 2-108 所示。

(14) 保持图形对象的选中状态，然后在调色板中单击白色，填充颜色，如图 2-109 所示。

图 2-108　修剪图形　　　　　　图 2-109　填充图形

(15) 在工具箱中选择【平行度量】工具，在对象边缘的端点上单击鼠标，移动鼠标至边缘的另一端点单击，在出现尺寸线后，拖动尺寸线，调整好尺寸线与对象之间的距离，单击鼠标后，添加尺寸线。然后在属性栏中的【度量精度】下拉列表中选择 0 选项，如图 2-110 所示。

(16) 在标准工具栏中，单击【保存】按钮，打开【保存绘图】对话框。在对话框中，选择绘图文档所要保存的位置，在【文件名】文本框中输入"光盘封套设计"，然后单击【保存】按钮，如图 2-111 所示。

图 2-110　绘制尺寸线　　　　　　　　图 2-111　保存绘图

(17) 选择【布局】|【再制页面】命令，打开【再制页面】对话框。在对话框中，选中【复制图层及其内容】单选按钮，然后单击【确定】按钮，如图 2-112 所示。

(18) 选择【视图】|【辅助线】命令，隐藏辅助线。然后删除不需要的图形对象，如图 2-113 所示。

图 2-112　再制页面　　　　　　　　图 2-113　编辑图形

(19) 在标准工具栏中，单击【导入】按钮，打开【导入】对话框。在对话框中，选择所需要的图像文件，然后单击【导入】按钮，如图 2-114 所示。

(20) 在页面中单击导入图像，并按 Shift+PageDown 组合键将图像放在图层后面，并调整其位置，如图 2-115 所示。

图 2-114　导入图像　　　　　　　　图 2-115　调整图像叠放顺序

计算机 基础与实训教材系列

（21）选择【对象】|PowerClip|【置于图文框内部】命令，然后单击先前的矩形。并在调色板中将轮廓色设置为无，如图 2-116 所示。

（22）选择【椭圆形】工具，在绘图页面中拖动绘制椭圆形，如图 2-117 所示。

图 2-116　图框精确裁剪图像　　　　　　　　图 2-117　绘制图形

（23）在调色板中，将刚绘制的椭圆形的轮廓色设置为无，然后按 F11 键打开【编辑填充】对话框。在对话框中，单击【渐变填充】按钮，再单击【椭圆形渐变填充】按钮，并设置渐变色填充为透明度 100%的白色至黑色，然后单击【确定】按钮，如图 2-118 所示。

图 2-118　填充图形

（24）按 Shift+PageDown 组合键将刚创建的椭圆形放置在图层后面，并使用【选择】工具调整椭圆形的位置及形状，如图 2-119 所示。

（25）选择【窗口】|【泊坞窗】|【变换】|【位置】命令，打开【变换】泊坞窗。设置 y 数值为 130mm，【副本】数值为 1，然后单击【应用】按钮，如图 2-120 所示。

图 2-119　调整图形　　　　　　　　　　　　图 2-120　【变换】泊坞窗

(26) 在【变换】泊坞窗中，单击【旋转】按钮，设置【旋转角度】数值为 90°，【副本】数值为 1，然后单击【应用】按钮。然后使用【选择】工具调整其位置，如图 2-121 所示。

(27) 选中步骤(21)至步骤(26)中创建的对象，按 Ctrl+G 组合键组合对象，如图 2-122 所示。

图 2-121　变换图形　　　　　　　　图 2-122　组合对象

(28) 选中右侧 CD 图形，按 Ctrl+U 组合键取消组合对象。选中最中心的圆形，在调色板中将轮廓色设置为无，然后按 F11 键打开【编辑填充】对话框。在对话框中，单击【渐变填充】按钮，再单击【椭圆形渐变填充】按钮，并设置渐变色填充为 C:0 M:0 Y:0 K:40 至 C:0 M:0 Y:0 K:0 至 C:0 M:0 Y:0 K:0，然后单击【确定】按钮，如图 2-123 所示。

图 2-123　填充图形(1)

(29) 选中第二层圆形，在调色板中将轮廓色设置为无，然后按 F11 键打开【编辑填充】对话框。在对话框中，单击【渐变填充】按钮，并设置渐变色填充为 C:0 M:0 Y:0 K:0 至 C:0 M:0 Y:0 K:34 至 C:0 M:0 Y:0 K:0 至 C:0 M:0 Y:0 K:25，【旋转】数值为-59°，然后单击【确定】按钮，如图 2-124 所示。

图 2-124　填充图形(2)

(30) 选中第三层圆形，在调色板中将轮廓色设置为无，然后按 F11 键打开【编辑填充】对话框。在对话框中，单击【渐变填充】按钮，并设置渐变色填充为 C:0 M:0 Y:0 K:0 至 C:0 M:0 Y:0 K:41 至 C:0 M:0 Y:0 K:44 至 C:0 M:0 Y:0 K:44 至 C:0 M:0 Y:0 K:0 至 C:0 M:0 Y:0 K:55，【旋转】数值为-120°，然后单击【确定】按钮，如图 2-125 所示。

图 2-125　填充图形(3)

(31) 在标准工具栏中，单击【导入】按钮，打开【导入】对话框。在对话框中，选择所需要的图像文件，然后单击【导入】按钮，如图 2-126 所示。

(32) 在绘图文档中，单击导入图像，然后连续按 Ctrl+Pagedown 组合键，并调整导入图像的大小及位置，如图 2-127 所示。

图 2-126　导入图像　　　　　　　　　图 2-127　调整图像

(33) 选择【对象】|PowerClip|【置于图文框内部】命令，然后单击第四层圆形。并在调色板中将轮廓色设置为无，如图 2-128 所示。

(34) 选中最外侧的圆形，然后按 F11 键打开【编辑填充】对话框。在对话框中，单击【渐变填充】按钮，并设置渐变色填充为 C:0 M:0 Y:0 K:23 至 C:0 M:0 Y:0 K:0 至 C:0 M:0 Y:0 K:50 至 C:0 M:0 Y:0 K:25，【旋转】数值为-23°，然后单击【确定】按钮，如图 2-129 所示。

图 2-128　图框精确裁剪图像　　　　　图 2-129　填充图形(1)

(35) 选择【对象】|【将轮廓转换为对象】命令,然后按 F11 键打开【编辑填充】对话框。在对话框中,单击【渐变填充】按钮,并设置渐变色填充为 C:0 M:0 Y:0 K:40 至 C:0 M:0 Y:0 K:80 至 C:0 M:0 Y:0 K:40,【旋转】数值为 45°,然后单击【确定】按钮,如图 2-130 所示。

图 2-130 填充图形(2)

(36) 选中全部圆形,按 Ctrl+G 组合键组合对象。然后选择【椭圆形】工具在绘图页面中拖动绘制椭圆形,如图 2-131 所示。

(37) 在调色板中将轮廓色设置为无,然后按 F11 键打开【编辑填充】对话框。在对话框中,单击【渐变填充】按钮,再单击【椭圆形渐变填充】按钮,并设置渐变色填充为透明度 100% 的白色至黑色,然后单击【确定】按钮,如图 2-132 所示。

图 2-131 绘制图形   图 2-132 填充图形

(38) 按 Shift+Pagedown 组合键将绘制的椭圆形放置在图层后面,使用【选择】工具调整椭圆形的位置,如图 2-133 所示。

图 2-133 调整图形

(39) 选中页面中的 CD 图形，使用【阴影】工具在图形上单击并拖动创建阴影效果，如图 2-134 所示。

(40) 双击【矩形】工具，创建与页面同等大小的矩形，如图 2-135 所示。

图 2-134　设置阴影　　　　　　　　　　　　　　　图 2-135　绘制矩形

(41) 在调色板中将轮廓色设置为无，然后按 F11 键打开【编辑填充】对话框。在对话框中，单击【渐变填充】按钮，再单击【椭圆形渐变填充】按钮，并设置渐变色填充为 C:0 M:0 Y:0 K:60 至 C:0 M:0 Y:0 K: 30 至 C:0 M:0 Y:0 K: 0，取消选中【锁定纵横比】按钮，设置【填充宽度】数值为 200%，【填充高度】数值为 130%，然后单击【确定】按钮，如图 2-136 所示。

(42) 在标准工具栏中，单击【保存】按钮保存绘图文档，完成效果如图 2-137 所示。

图 2-136　填充图形　　　　　　　　　　　　　　　图 2-137　完成效果

②.4　习题

1. 使用绘图工具绘制如图 2-138 所示的图形对象，并添加尺寸线。
2. 使用绘图工具绘制如图 2-139 所示的图形对象。

图 2-138　图形对象及其尺寸线　　　　　　　　　图 2-139　图形对象

第3章

编辑图形对象

学习目标

在 CorelDRAW X8 中使用绘图工具创建图形后，用户还可以使用工具或命令编辑、修饰绘制的图形形状。本章主要介绍图形对象形状的编辑操作方法，以及形状的修饰、修整的基本编辑方法。

本章重点

- ◉ 编辑对象路径
- ◉ 分割图形
- ◉ 修饰图形
- ◉ 修整图形

③.1 编辑对象路径

在通常情况下，曲线绘制完成后还需要对其进行精确的调整，以达到需要的造型效果。

③.1.1 选择、移动节点

使用【形状】工具将节点框选在矩形选框中，或者将它们框选在形状不规则的选框中，可以选择单个、多个或所有对象节点，为对象的不同部分造型。在曲线线段上选择节点时，将显示控制手柄。通过移动节点和控制手柄，可以调整曲线线段的形状。使用工具箱中的【形状】工具，选中一个曲线对象，然后可以使用以下方法选择节点，如图 3-1 所示。

- ◉ 框选多个节点：在工具属性栏上，从【选取模式】列表框中选择【矩形】，然后围绕要选择的节点进行拖动即可。

- ◉ 手绘圈选多个节点：在工具属性栏上，从【选取范围模式】列表框中选择【手绘】，然后围绕要选择的节点进行拖动即可。
- ◉ 挑选多个节点：按住 Shift 键，同时单击每个节点。按住 Shift 键，再次单击选中的节点可以取消选中。

图 3-1　选择节点

 提示

　　用户还可以通过使用【选择】、【手绘】、【贝塞尔】或【折线】工具来选择节点。先选择【工具】|【选项】命令，在打开的【选项】对话框左侧列表中选择【工作区】|【显示】命令，然后选中【启用节点跟踪】复选框。再单击曲线对象，将指针移到节点上，直到工具的形状状态光标 ▶+ 出现，然后单击节点。

　　想移动节点改变图形，可以在使用【形状】工具选中节点后，按下鼠标并拖动节点至合适位置后释放鼠标，或按键盘上的方向键即可改变图形的曲线形状；要改变线段造型，还可以调整控制手柄的角度及其距节点的距离，如图 3-2 所示。

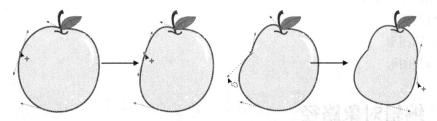

图 3-2　移动节点

③ 1.2　添加、删除节点

　　在 CorelDRAW X8 中，可以通过添加节点，将曲线形状调整得更加精确；也可以通过删除多余的节点，使曲线更加平滑。增加节点时，将增加对象线段的数量，从而使对象形状更加精确。删除选定节点则可以简化对象形状。

　　使用【形状】工具在曲线对象需要增加节点的位置双击，即可增加节点；如使用【形状】工具在需要删除的节点上双击，即可删除节点，如图 3-3 所示。

　　要添加、删除曲线对象上的节点，也可以通过单击工具属性栏中的【添加节点】按钮 和【删除节点】按钮 来完成操作。使用【形状】工具在曲线上单击需要添加节点的位置，然后单击【添加节点】按钮即可添加节点。选中节点后，单击【删除节点】按钮即可删除节点。

当曲线对象包含许多节点时,对它们进行编辑并输出将非常困难。在选中曲线对象后,使用属性栏中的【减少节点】功能可以使曲线对象中的节点数自动减少。减少节点数时,将移除重叠的节点并可以平滑曲线对象。该功能对于减少从其他应用程序中导入的对象中的节点数特别有用。

图 3-3 增加、删除节点

💠 **提示**

　　用户也可以在使用【形状】工具选取节点后,右击,在弹出的命令菜单中选择相应的命令来添加、删除节点,如图 3-4 所示。

图 3-4 使用菜单命令

【例 3-1】减少曲线对象中的节点数。

(1) 选择【形状】工具,单击选中曲线对象,并单击属性栏中的【选择所有节点】按钮,如图 3-5 所示。

(2) 在工具属性栏中单击【减少节点】按钮 减少节点,然后拖动【曲线平滑度】滑块控制要删除的节点数,如图 3-6 所示。

图 3-5 选择所有节点　　　　　　　　图 3-6 减少节点

③1.3 更改节点的属性

　　CorelDRAW X8 中的节点分为尖突节点、平滑节点和对称节点 3 种类型。在编辑曲线的过程中,需要转换节点的属性,以调整曲线造型。

要更改节点属性，用户可以使用【形状】工具配合【形状】工具属性栏，方便、简单地对曲线节点进行类型转换的操作。用户只需在选择【形状】工具后，单击图形曲线上的节点，然后在【形状】工具属性栏中单击选择相应的节点类型，即可在曲线上进行相关的节点操作。

- 【尖突节点】按钮：单击该按钮可以将曲线上的节点转换为尖突节点。将节点转换为尖突节点后，尖突节点两端的控制手柄成为相对独立的状态。当移动其中一个控制手柄的位置时，不会影响另一个控制手柄，如图 3-7 所示。
- 【平滑节点】按钮：单击该按钮可以使尖突节点变得平滑。平滑节点两边的控制点是相互关联的，当移动其中一个控制点时，另一个控制点也会随之移动，产生平滑过渡的曲线，如图 3-8 所示。

图 3-7　尖突节点

图 3-8　平滑节点

- 【对称节点】按钮：单击该按钮可以产生两个对称的控制柄，无论怎样编辑，这两个控制柄始终保持对称。该类型节点与平滑类型节点相似，但所不同的是，对称节点两侧的控制柄长短始终保持相符，如图 3-9 所示。

图 3-9　对称节点

> **提示**
>
> 要将平滑节点和尖突节点互相转换，可以使用【形状】工具单击该节点，然后按 C 键。要将对称节点和平滑节点互相转换，使用【形状】工具单击该节点，然后按 S 键。

③ 1.4　曲线和直线互相转换

使用【形状】工具属性栏中的【转换为线条】按钮，可以将曲线段转换为直线段。使用【转换为曲线】按钮，可以将直线段转换为曲线段。

用户使用【形状】工具单击曲线上的内部节点或终点后，【形状】工具属性栏中的【转换为线条】按钮将呈现可用状态，单击此按钮，该节点与上一个节点之间的曲线即可变为直线段，如图 3-10 所示。这个操作对于不同的曲线将会产生不同的结果，如果原曲线上只有两个端点而没有其他节点，选择其终止点后单击此按钮，整条曲线将变为直线段；如果原曲线有内部节点，那么单击此按钮可以将所选节点区域的曲线改变为直线段。

【形状】工具属性栏中的【转换为曲线】按钮与【转换为线条】按钮的功能正好相反，

它是将直线段转换成曲线段。同样【转换为曲线】按钮也不能用于曲线的起始点，而只能应用于曲线内的节点与终止点。

　　用户使用【形状】工具单击曲线上的内部节点或终止点后，【形状】工具属性栏中的【转换为曲线】按钮将呈现可用状态，单击此按钮，这时节点上将会显示控制柄，表示这段直线已经变为曲线，然后通过操纵控制柄即可将线段改变，如图 3-11 所示。

图 3-10　曲线转换为直线段　　　　　　图 3-11　直线转换为曲线

③1.5　闭合曲线

　　通过连接两端节点可封闭一条开放路径，但是无法连接两个独立的路径对象。

- 使用【形状】工具选定想要连接的节点后，单击属性栏中的【连接两个节点】按钮，可以将同一个对象上断开的两个相邻节点连接成一个节点，从而使图形封闭，如图 3-12 所示。
- 使用【形状】工具选取节点后，单击属性栏上的【延长曲线使之闭合】按钮，可以使用线条连接两个节点，如图 3-13 所示。
- 使用【形状】工具选取路径后，单击属性栏上的【闭合曲线】按钮，可以将绘制的开放曲线的起始节点和终止节点自动闭合，形成闭合的曲线。

图 3-12　连接两个节点　　　　　　　　图 3-13　延长曲线使之闭合

③1.6　断开曲线

　　通过断开曲线功能，可以将曲线上的一个节点在原来的位置分离为两个节点，从而断开曲线的连接，使图形转变为不封闭状态；此外，还可以将由多个节点连接成的曲线分离成多条独立的线段。

　　需要断开曲线时，使用【形状】工具选取曲线对象，并且单击想要断开路径的位置。如果选择多个节点，可在几个不同的位置断开路径，然后单击属性栏上的【断开曲线】按钮。在每个断开的位置上会出现两个重叠的节点，移动其中一个节点，可以看到原节点已经分割为两个独立的节点，如图 3-14 所示。

图 3-14　断开曲线

计
算
机
基
础
与
实
训
教
材
系
列

3.2　分割图形

在 CorelDRAW X8 应用程序中，还提供了【刻刀】工具、【橡皮擦】工具和【删除虚拟线段】工具，使用它们可以对图形对象进行拆分、擦除等编辑操作。

3.2.1　使用【刻刀】工具

使用【刻刀】工具 可以把一个对象分成几个部分。在工具箱中选择【刻刀】工具，其工具属性栏如图 3-15 所示。

图 3-15　【刻刀】工具属性栏

- 【2 点线模式】按钮 ：沿直线切割对象。
- 【手绘模式】按钮 ：沿手绘曲线切割对象。
- 【贝塞尔模式】按钮 ：沿贝塞尔曲线切割对象。
- 【剪切时自动闭合】按钮 ：单击该按钮，可以将一个对象分成两个独立的对象。
- 【手绘平滑】选项：在创建手绘曲线时调整其平滑度。
- 【剪切跨度】选项：选择沿着宽度为 0 的线条拆分对象时，是在新对象之间创建间隙还是使新对象重叠。选择【间隙】选项，后面的【宽度】数值框会被激活，在其中可以设置间隙宽度数值，如图 3-16 所示。
- 【轮廓选项】：选择在拆分对象时要将轮廓转换为曲线还是保留轮廓，或是让应用程序选择能最好地保留轮廓外观的选项，如图 3-16 所示。

图 3-16　【轮廓选项】

【例 3-2】使用【刻刀】工具切割图形。

(1) 选择【文件】|【打开】命令，打开一幅绘图文档，并使用【选择】工具选中图形对象，如图 3-17 所示。

(2) 选择【刻刀】工具，并在属性栏中单击【手绘模式】按钮和【剪切时自动闭合】按钮，设置【手绘平滑度】为 50，【剪切跨度】选项为【间隙】，设置【宽度】数值为 2.5mm。然后使用【刻刀】工具在选中的图形对象上拖动切割图形，如图 3-18 所示。

图 3-17　打开文档　　　　　　　图 3-18　使用【刻刀】工具切割对象

3.2.2　使用【橡皮擦】工具

　　【橡皮擦】工具的主要功能是擦除曲线中不需要的部分，并且在擦除后会将曲线分割成数段。与使用【形状】工具属性栏中的【断开曲线】按钮和【刻刀】工具对曲线进行分割的方法不同的是，使用这两种方法分割曲线后，曲线的总长度并未变化，而使用【橡皮擦】工具擦除曲线后，光标所经过处的曲线将会被擦除，原曲线的总长度将发生变化。

　　由于曲线的类型不同，使用【橡皮擦】工具擦除曲线会有如下 3 种不同的结果。

- ◉　对于开放式曲线，使用【橡皮擦】工具在曲线上单击拖动，光标所经过之处的曲线就会消失。操作完成后原曲线将会被切断为多段开放曲线。
- ◉　对于闭合式曲线，如果只在曲线的一边单击并拖动鼠标进行擦除操作，那么光标经过位置的曲线将会向内凹，并且曲线依旧保持闭合。
- ◉　对于闭合式曲线，如果在曲线上单击并拖动鼠标穿过曲线，那么光标经过位置的曲线将会消失，原曲线会被分割成多条闭合曲线。

　　当用户选择工具箱中的【橡皮擦】工具后，工具属性栏转换为【橡皮擦】工具属性栏，如图 3-19 所示。

图 3-19　【橡皮擦】工具属性栏

- ◉　【圆形笔尖】按钮/【方形笔尖】按钮：用于设置橡皮擦的形状。
- ◉　【橡皮擦厚度】选项：用于设置橡皮擦的直径大小。
- ◉　【笔压】按钮：运用数字笔或笔触的压力控制擦除效果时，在图像区域根据笔压改变笔尖的大小。
- ◉　【减少节点】按钮：用于设置是否自动减少擦除操作中所创建的节点数量。

③ 2.3　使用【删除虚拟线段】工具

使用工具箱中的【删除虚拟线段】工具 ，可以删除图形中曲线相交点之间的线段。

要删除图形中曲线相交点之间的线段，在工具箱中单击【裁剪】工具，在展开的工具组中选择【删除虚拟线段】工具，这时光标将变为刀片形状，接着将光标移至图形内准备删除的线段上单击，该线段即可被删除，如图 3-20 所示。【删除虚拟线段】工具不能对群组、文本、阴影和图像进行操作。

图 3-20　使用【删除虚拟线段】工具

③.3　修饰图形

在编辑图形时，除了可以使用【形状】工具编辑图形形状和使用【刻刀】工具切割图形外，还可以使用【自由变换】、【涂抹】、【粗糙】等工具对图形进行修饰，以满足不同的图形编辑需要。

③ 3.1　使用【自由变换】工具

使用【自由变换】工具 ，可以将对象自由旋转、自由角度反射、自由缩放和自由倾斜等。在工具箱中选择【自由变换】工具，在属性栏中会显示其相关选项，如图 3-21 所示。

图 3-21　【自由变换】工具属性栏

- 【自由旋转】按钮 ：单击该按钮，可以将对象按自由角度旋转。
- 【自由角度反射】按钮 ：单击该按钮，可以将对象按自由角度镜像。
- 【自由缩放】按钮 ：单击该按钮，可以将对象自由缩放。
- 【自由倾斜】按钮 ：单击该按钮，可以将对象自由倾斜。
- 【应用到再制】按钮 ：单击该按钮，可在自由变换对象的同时再制对象。
- 【相对于对象】按钮 ：单击该按钮，在【对象位置】数值框中输入需要的参数，然后按 Enter 键，可以将对象移动到指定的位置。

【例 3-3】使用【自由变换】工具调整图形对象。

(1) 在打开的绘图文档中，选择【选择】工具选中图形对象，如图 3-22 所示。

(2) 选择【自由变换】工具，并在属性栏中单击【自由旋转】按钮，再单击【应用到再制】

按钮，在对象上按住鼠标左键进行拖动，调整至适当角度后释放鼠标，对象即被自由旋转，如图 3-23 所示。

图 3-22 选中图形对象

图 3-23 旋转和再制图形对象

(3) 在属性栏中单击【自由缩放】按钮，再单击【锁定比率】按钮，设置【缩放因子】数值为 150%，如图 3-24 所示。

(4) 在属性栏中单击【自由角度反射】按钮，在对象上按住鼠标左键进行拖动，镜像对象，如图 3-25 所示。

图 3-24 缩放对象

图 3-25 镜像对象

③ 3.2 使用【涂抹】工具

使用【涂抹】工具涂抹图形对象的边缘，可以改变对象边缘的曲线路径，对图形进行造型编辑。选择【涂抹】工具，在属性栏中会显示相关选项，如图 3-26 所示。

图 3-26 【涂抹】工具属性栏

- ⊙ 【笔尖半径】选项：输入数值来设置涂抹笔刷的半径大小。
- ⊙ 【压力】选项：输入数值来设置对图形边缘的涂抹力度。
- ⊙ 【平滑涂抹】按钮：按下该按钮，涂抹可以得到平滑的曲线。
- ⊙ 【尖状涂抹】按钮：按下该按钮，涂抹可以得到有尖角的曲线.
- ⊙ 【笔压】按钮：在连接数字笔或绘图板后，按下该按钮，可以应用绘画时的压力效果。

选取【涂抹】工具后，在属性栏中设置好需要的笔尖半径和压力，然后单击【平滑涂抹】或【尖状涂抹】按钮，在图形对象的边缘按住并拖动鼠标，即可使图形边缘的曲线向对应的方向改变，如图 3-27 所示。

绘制的星形

平滑涂抹

尖状涂抹

图 3-27　应用【涂抹】工具

③ 3.3　使用【转动】工具

使用【转动】工具◎在图形对象的边缘按住鼠标左键不放，即可按指定方向对图形边缘的曲线进行转动，对图形进行造型编辑。选择【转动】工具，在属性栏中会显示相关选项，如图 3-28 所示。

图 3-28　【转动】工具属性栏

- 【笔尖半径】选项：输入数值来设置转动图形边缘时的半径大小。
- 【速度】选项：输入数值来设置转动变化的速度。
- 【逆时针转动】按钮◯：按下该按钮，可以使图形边缘的曲线按逆时针转动。
- 【顺时针转动】按钮◯：按下该按钮，可以使图形边缘的曲线按顺时针转动。

选取【转动】工具后，在属性栏中设置好需要的笔尖半径和速度，然后按下【逆时针转动】或【顺时针转动】按钮，在图形对象的边缘按住鼠标不动或在转动发生后拖动鼠标，即可使图形边缘的曲线向对应的方向转动，如图 3-29 所示。

图 3-29　应用【转动】工具

③ 3.4　使用【吸引】与【排斥】工具

【吸引】工具📷和【排斥】工具📷在对图形对象边缘的变化效果上是相反的，【吸引】工具可以将笔触范围内的节点吸引在一起，而【排斥】工具则是将笔触范围内相邻的节点分开，分别产生不同的造型效果。

选取【吸引】工具后，在属性栏中设置好需要的笔尖半径和速度，然后在图形对象的边缘按住鼠标不动或在变化发生后拖动鼠标，即可使图形边缘的节点吸引聚集到一起，如图 3-30 所示。【排斥】工具的应用效果如图 3-31 所示。

图 3-30　应用【吸引】工具　　　　　图 3-31　应用【排斥】工具

3.5　使用【沾染】工具

使用【沾染】工具 ，可以通过拖动曲线轮廓创建更为复杂的曲线图形，如图 3-32 所示。【沾染】工具可以在图形对象的边缘或内部任意涂抹，以达到变形对象的目的。

图 3-32　使用【沾染】工具

用户使用【沾染】工具时，可以在【沾染】工具属性栏中进行相关设置，如图 3-33 所示。

图 3-33　【沾染】工具属性栏

- 【笔尖半径】选项：输入数值可以设置涂抹笔刷的宽度。
- 【干燥】选项：输入数值可以使涂抹效果变宽或变窄。
- 【水分浓度】选项：可以设置涂抹笔刷的力度。
- 【笔倾斜】选项：用于设置涂抹笔刷、模拟压感笔的倾斜角度。
- 【笔方位】选项：用于设置涂抹笔刷、模拟压感笔的笔尖形状的角度。

3.6　使用【粗糙】工具

【粗糙】工具 是一种扭曲变形工具，它可以改变矢量图形对象中曲线的平滑度，从而产生粗糙的边缘变形效果。【粗糙】工具的属性栏设置与【涂抹】工具类似，如图 3-34 所示。

图 3-34　【粗糙】工具属性栏

计算机　基础与实训教材系列

⚫ 【尖突的频率】：通过输入数值可以改变粗糙的尖突频率。范围最小为 1，尖突比较和缓；最大为 10，尖突比较密集，如图 3-35 所示。

⚫ 【尖突方向】：可以更改粗糙尖突的方向。

图 3-35　设置【尖突的频率】选项效果

【例 3-4】使用【粗糙】工具。

(1) 在打开的绘图文档中，使用【选择】工具选中需要处理的对象，如图 3-36 所示。

(2) 选择【粗糙】工具，在属性栏中设置【笔尖半径】为 10.0 mm，【尖突的频率】为 1，【干燥】为 10，然后单击鼠标左键并在对象边缘拖动鼠标，即可使对象产生粗糙的边缘效果，如图 3-37 所示。

图 3-36　选择对象　　　　　图 3-37　使用【粗糙】工具设置对象

3.4　修整图形

选择【对象】|【造形】|【造型】命令或【窗口】|【泊坞窗】|【造型】命令，打开如图 3-38 所示的【造型】泊坞窗。该泊坞窗可以执行【焊接】、【修剪】、【相交】、【简化】、【移除后面对象】、【移除前面对象】和【边界】命令对对象进行编辑操作。用户也可以分别执行【对象】|【造形】命令子菜单中的相应命令，进行相关操作。

图 3-38　【造型】泊坞窗

同时，在选择两个或两个以上对象后，属性栏中还提供了与【造型】命令相对应的功能按钮，以便更快捷地使用这些命令，如图 3-39 所示。

图 3-39 【造型】命令相对应的功能按钮

③ 4.1 合并图形

应用【合并】命令可以合并多个单一对象或组合的多个图形对象，还能合并单独的线条，但不能合并段落文本和位图图像。它可以将多个对象结合在一起，创建具有单一轮廓的独立对象。新对象将沿用目标对象的填充和轮廓属性，所有对象之间的重叠线条将全部删除。

使用框选对象的方法全选需要合并的图形，选择【对象】|【造形】|【合并】命令，或单击属性栏中的【合并】按钮 [图] 即可合并图形，如图 3-40 所示。除了使用【造型】命令修整对象外，还可以通过【造型】泊坞窗完成对象的合并操作。泊坞窗中的【焊接】选项和【对象】|【造形】|【合并】命令是相同的操作，只是名称有变化，并且泊坞窗中的【焊接】命令可以进行设置，使焊接更精确。

图 3-40 合并图形

💠 **提示**

使用框选方式选择对象进行合并时，合并后的对象属性与所选对象中位于最下层的对象保持一致。如果使用【选择】工具并按 Shift 键选择多个对象，那么合并后的对象属性与最后选取的对象保持一致。

【例 3-5】通过【造型】泊坞窗修整图形形状。

(1) 选择用于合并的对象后，选择【窗口】|【泊坞窗】|【造型】命令，打开【造型】泊坞窗，在泊坞窗顶部的下拉列表中选择【焊接】选项，如图 3-41 所示。

图 3-41 选择【焊接】选项

📒 **知识点**

【保留原始源对象】复选框：选中该复选框后，在合并对象的同时将保留来源对象。【保留原目标对象】复选框：选中该复选框后，在合并对象的同时将保留目标对象。

(2) 选中【保留原始源对象】和【保留原目标对象】复选框，然后单击【焊接到】按钮，接下来单击目标对象，即可将对象焊接，如图 3-42 所示。

图 3-42　焊接对象

③4.2　修剪图形

应用【修剪】命令，可以从目标对象上剪掉与其他对象之间重叠的部分，目标对象仍保留原有的填充和轮廓属性。用户可以使用上面图层的对象作为来源对象修剪下面图层的对象，也可以使用下面图层的对象修剪上面图层的对象。

使用框选对象的方法全选需要修剪的图形，选择【对象】|【造形】|【修剪】命令，或单击属性栏中的【修剪】按钮即可修剪图形，如图 3-43 所示。

图 3-43　修剪后的图形

与【合并】功能相似，修改后的图形效果与选择对象的方式有关。在选择【修剪】命令时，根据选择对象的先后顺序不同，应用【修剪】命令后的效果也会相应不同。

【例 3-6】制作拼图效果。

(1) 在 CorelDRAW 中，单击【新建】按钮，打开【创建新文档】对话框。在对话框中的【名称】文本框中输入"拼图游戏"，在【大小】下拉列表中选择 A4 选项，单击【横向】按钮，然后单击【确定】按钮，如图 3-44 所示。

(2) 选择【布局】|【页面背景】命令，打开【选项】对话框。在对话框中，选中【位图】单选按钮，单击【浏览】按钮，打开【导入】对话框。在【导入】对话框中，选择所需要的图像，然后单击【导入】按钮，如图 3-45 所示。

图 3-44 新建文档

图 3-45 设置页面背景(1)

(3) 在【选项】对话框中，选中【自定义尺寸】单选按钮，取消选中【保持纵横比】复选框，设置【水平】数值为 297，【垂直】数值为 210，然后单击【确定】按钮，如图 3-46 所示。

(4) 选择【图纸】工具，在属性栏中设置【列数】数值为 6，【行数】数值为 5，然后将光标移动到页面中按住鼠标左键拖动绘制表格。然后按 Ctrl+U 组合键取消组合，如图 3-47 所示。

图 3-46 设置页面背景(2)

图 3-47 绘制图形(1)

(5) 选择【椭圆形】工具，按住 Shift+Ctrl 组合键同时单击鼠标左键，并向外拖动绘制圆形，如图 3-48 所示。

(6) 使用【选择】工具选中刚绘制的圆形，按住 Shift 键及鼠标左键拖动绘制的圆形，至合适的位置释放鼠标左键同时单击鼠标右键，复制圆形。然后多次按 Ctrl+D 组合键重复相同操作，如图 3-49 所示。

(7) 使用与步骤(6)相同的操作方法，添加其他圆形，如图 3-50 所示。

(8) 选中第一个圆形对象，在【造型】泊坞窗中的下拉列表中选择【修剪】选项，选中【保留原始源对象】复选框，然后单击【修剪】按钮，再单击其右侧的矩形。接着使用相同的操作方法修剪其他圆形对象，如图 3-51 所示。

图 3-48 绘制图形(2)

图 3-49 移动复制图形(1)

图 3-50　移动复制图形(2)　　　　　　　　　图 3-51　修剪图形

(9) 再次选中第一个圆形对象,在【造型】泊坞窗中的下拉列表中选择【焊接】选项,取消选中【保留原始源对象】复选框,然后单击【焊接到】按钮,再单击其左侧的矩形。接着使用相同的操作方法焊接其他圆形对象,如图 3-52 所示。

(10) 使用步骤(5)至步骤(9)的操作方法,添加纵向修剪焊接的圆形,如图 3-53 所示。

图 3-52　焊接图形　　　　　　　　　　图 3-53　编辑图形

> **提示**
>
> 在【造型】泊坞窗中选择【边界】命令后,选中【放到选定对象后面】选项可将应用后的线描轮廓放置在原对象的后面;选中【保留原对象】选项将保留原对象。

(11) 按 Ctrl+A 组合键全选先前创建的图形对象,在属性栏中设置【轮廓宽度】数值为 0.75mm,然后单击【合并】按钮，如图 3-54 所示。

(12) 在标准工具栏中单击【导入】按钮,打开【导入】对话框。在该对话框中,选中需要导入的图像文档,然后单击【导入】按钮,如图 3-55 所示。

图 3-54　设置图形　　　　　　　　　　图 3-55　导入图像

(13) 按 Shift+PageDown 组合键，调整图像大小。选择【对象】| PowerClip |【置于图文框内部】命令，然后单击步骤(11)中创建的对象，如图 3-56 所示。

(14) 选择【阴影】工具在图形对象上拖动添加阴影效果，并在属性栏中设置【阴影的不透明度】数值为 95，【阴影羽化】数值为 6，如图 3-57 所示。

図 3-56　将图像置于图文框内部　　　　　图 3-57　设置阴影

(15) 选择【文本】工具在页面中单击，在【对象属性】泊坞窗中设置字体为【汉仪咪咪体简】，字体大小为 100pt，字体颜色为白色，然后输入文本，并使用【选择】工具调整文本位置，如图 3-58 所示。

(16) 选择【阴影】工具在文本对象上拖动添加阴影效果，并在属性栏中设置【阴影的不透明度】数值为 100，【阴影羽化】数值为 5，如图 3-59 所示。

図 3-58　输入文字　　　　　　　　　　図 3-59　设置阴影

(17) 在标准工具栏中，单击【保存】按钮，打开【保存绘图】对话框。在该对话框中，单击【保存】按钮保存绘图文档。

③4.3　相交图形

应用【相交】命令，可以得到两个或多个对象重叠的交集部分。选择需要相交的图形对象，选择【对象】|【造型】|【相交】命令，或单击属性栏中的【相交】按钮，即可在两个图形对象的交叠处创建一个新的对象，新对象以目标对象的填充和轮廓属性为准，如图 3-60 所示。

图 3-60　创建交叠部分对象

③4.4　简化图形

应用【简化】命令，可以减去两个或多个重叠对象的交集部分，并保留原始对象。选择需要简化的对象后，单击属性栏中的【简化】按钮 即可简化图形，简化后的图形效果如图 3-61 所示。

图 3-61　简化后的图形

在执行【简化】操作时，需要同时选中两个或多个对象才能激活【应用】按钮，如果选中的对象有阴影、文本、立体模型、艺术笔、轮廓图或调和的效果，在进行简化前需要转曲对象。

③4.5　移除对象

选择所有图形对象后，单击属性栏中的【移除后面对象】按钮 可以减去最上层对象下的所有图形对象，包括重叠与不重叠的图形对象；还能减去下层对象与上层对象的重叠部分，而只保留最上层对象中的剩余部分，如图 3-62 所示。

图 3-62　移除后面对象

【移除前面对象】命令和【移除后面对象】命令作用相反。选择所有图形对象后，单击【移除前面对象】按钮 可以减去最上面图层中所有的图形对象以及上层对象与下层对象的重叠部分，而只保留最下层对象中剩余的部分，如图 3-63 所示。

图 3-63　移除前面对象

③4.6　创建边界

应用【边界】命令，可以沿所选的多个对象的重叠轮廓创建新对象。选择所有图形对象后，单击属性栏中的【创建边界】按钮，即可沿所选对象的重叠轮廓创建边界，如图 3-64 所示。

图 3-64　创建边界

③.5　上机练习

本章的上机练习通过制作名片模板，使用户更好地掌握本章所介绍的图形对象的编辑的操作方法及技巧。

(1) 在 CorelDRAW X8 工作区的标准工具栏中单击【新建】按钮，打开【创建新文档】对话框。在对话框的【名称】文本框中输入"商业名片"，设置【宽度】和【高度】数值为 180 毫米，然后单击【确定】按钮新建绘图文档，如图 3-65 所示。

(2) 双击【矩形】工具，在页面中创建与页面同等大小的矩形，如图 3-66 所示。

图 3-65　创建新文档

图 3-66　创建矩形

(3) 在状态栏中，双击填充状态，打开【编辑填充】对话框。在对话框中，单击【渐变填充】按钮；在渐变条上选中起始色标，并单击【设置节点】选项右侧的▼按钮，从弹出的面板中设置节点颜色为 C:22 M:0 Y:0 K:0；选中终止色标，并设置节点颜色为 C:70 M:25 Y:0 K:0；设置【旋转】数值为-45°，然后单击【确定】按钮填充矩形，如图 3-67 所示。

(4) 在调色板中，右击【无】色板设置轮廓色为无。在绘制的矩形上右击，从弹出的快捷菜单中选择【锁定对象】命令，如图 3-68 所示。

图 3-67　填充图形

图 3-68　设置图形

(5) 使用【矩形】工具在页面中拖动绘制矩形，并在工具属性栏中，取消选中【锁定比率】按钮，设置对象的【宽度】数值为 100mm，【高度】数值为 56mm。打开【对齐与分布】泊坞窗，在【对齐对象到：】选项区中单击【页面边缘】按钮；在【对齐】选项区中，单击【水平居中对齐】按钮，如图 3-69 所示。

(6) 在调色板中，右击【无】色板，设置轮廓色为无；单击【白】色板，设置填充色为白色。然后按 Ctrl+C 组合键复制矩形，按 Ctrl+V 组合键粘贴，并按 Shift 键移动复制的矩形，如图 3-70 所示。

(7) 在工具箱中，选择【基本图形】工具，在其属性栏的【完美形状】选项下拉列表框中选择【环形】，然后按 Shift+Ctrl 组合键拖动绘制环形。然后在属性栏中选中【锁定比率】按钮，设置对象【宽度】数值为 19mm，如图 3-71 所示。

(8) 在刚绘制的环形上，调整红色轮廓沟槽位置以调整环形形状，如图 3-72 所示。

图 3-69　绘制图形

图 3-70　编辑复制图形

图 3-71 绘制图形

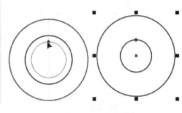

图 3-72 编辑图形

(9) 选择【折线】工具，在刚创建的环形上绘制一个三角形，如图 3-73 所示。

(10) 选择【窗口】|【泊坞窗】|【变换】|【旋转】命令，打开【变换】泊坞窗。设置中心点为【中下】，【旋转角度】为20°，【副本】数值为4，然后单击【应用】按钮，如图 3-74 所示。

图 3-73 绘制图形　　　　图 3-74 变换图形

(11) 使用【选择】工具选中所有三角形和环形，在属性栏中单击【移除前面对象】按钮修剪图形，如图 3-75 所示。

(12) 在调色板中，右击【无】色板，设置轮廓色为无。在状态栏中，双击填充状态，打开【编辑填充】对话框。在对话框中，单击【均匀填充】按钮，在【模型】下拉列表中选择 CMYK 选项，设置填充色为 C:86 M:48 Y:0 K:0，然后单击【确定】按钮，如图 3-76 所示。

(13) 选择【文本】工具输入文字内容，然后单击属性栏中的【文本属性】按钮，打开【文本属性】泊坞窗，如图 3-77 所示。

(14) 使用【选择】工具选中文字，在【文本属性】泊坞窗的【字符】选项区中设置字体为 Britannic Bold，字体大小为 20pt，文本颜色为 C:86 M:48 Y:0 K:0，然后在【段落】选项区中，设置【字符间距】数值为-5%，如图 3-78 所示。

图 3-75 修剪图形

图 3-76 填充图形

图 3-77 输入文字(1)

图 3-78 编辑文字

(15) 选择【文本】工具输入文字。然后使用【选择】工具选中文字，在【文本属性】泊坞窗的【字符】选项区中设置字体为 Arial，字体大小为 11pt，文本颜色为 C:86 M:48 Y:0 K:0，如图 3-79 所示。

(16) 选择【文本】工具输入文字。然后使用【选择】工具选中文字，在【文本属性】泊坞窗的【字符】选项区中设置字体为 Century 751 SeBd BT，字体大小为 10pt，文本颜色为 C:86 M:48 Y:0 K:0，如图 3-80 所示。

图 3-79 输入文字(2)

图 3-80 输入文字(3)

(17) 选中步骤(7)至步骤(16)所创建的对象，打开【对齐与分布】泊坞窗，在【对齐】选项区中，单击【水平居中对齐】按钮，如图 3-81 所示。

(18) 选择【矩形】工具在绘图页面中拖动绘制矩形，并在文档调色板中单击 C:86 M:48 Y:0 K:0 色板填充矩形，将轮廓色设置为无，如图 3-82 所示。

计算机 基础与实训教材系列

图 3-81 对齐对象	图 3-82 绘制图形

(19) 在属性栏中，取消选中【同时编辑所有角】按钮，设置右侧两个角的【转角半径】数值为 5mm，如图 3-83 所示。

(20) 选择【椭圆形】工具，按 Shift+Ctrl 组合键拖动绘制圆形，并设置其填充色为白色，轮廓色为无，然后调整其位置，如图 3-84 所示。

图 3-83 编辑图形	图 3-84 绘制图形

(21) 使用【选择】工具选中步骤(18)至步骤(20)中绘制的图形，然后在属性栏中单击【移除前面对象】按钮，如图 3-85 所示。

(22) 保持步骤(21)中创建的图形的选中状态，打开【变换】泊坞窗。在泊坞窗中，单击【水平镜像】按钮，设置对象原点为【右中】，【副本】数值为 1，然后单击【应用】按钮，如图 3-86 所示。

图 3-85 修剪图形	图 3-86 变换图形

(23) 选中步骤(22)中所创建的图形和白色矩形，打开【对齐与分布】泊坞窗，在【对齐对象到：】选项区中单击【活动对象】按钮；在【对齐】选项区中，单击【右对齐】按钮，如图 3-87 所示。

(24) 选中步骤(12)完成的 logo 图形对象，按 Ctrl+C 组合键复制，按 Ctrl+V 组合键粘贴，将复制后的对象移动至下方的矩形中，并在属性栏中设置对象【宽度】数值为 25mm，如图 3-88 所示。

图 3-87　对齐对象　　　　　　　　　　　　图 3-88　移动复制并编辑图形

(25) 在标准工具栏中，单击【导入】按钮，打开【导入】对话框。在对话框中，选中所需要的绘图文档，然后单击【导入】按钮，在页面中单击导入绘图，如图 3-89 所示。

图 3-89　导入图像

(26) 按 Ctrl+G 组合键分别组合导入的 logo 图形对象，在属性栏中设置对象【高度】数值为 25mm，并调整其位置。选中编辑后的 logo 图形对象，在【对齐与分布】泊坞窗中，单击【垂直居中对齐】按钮，如图 3-90 所示。

(27) 选择【矩形】工具，拖动绘制矩形。在调色板中，右击【无】色板设置轮廓色为无。在文档调色板中，单击 C:86 M:48 Y:0 K:0 色板设置填充色。然后按 Ctrl+PageDown 组合键将对象向后移一层，如图 3-91 所示。

图 3-90　编辑导入图像　　　　　　　　　　图 3-91　绘制图形

(28) 使用【选择】工具选中刚绘制的矩形，向下拖动的同时按住 Shift 键，拖动至所需位置释放鼠标左键，同时右击鼠标复制矩形。然后按 Ctrl+PageDown 组合键将对象向后移一层，如图 3-92 所示。

(29) 使用与步骤(28)至步骤(29)相同的操作方法，添加其他矩形对象，如图 3-93 所示。

图 3-92　移动复制图形(1)　　　　　　　　图 3-93　移动复制图形(2)

(30) 选择【文本】工具在页面中拖动创建文本框，在属性栏中设置字体为 Arial，字体大小为 9pt，然后输入文本内容，如图 3-94 所示。

(31) 使用【选择】工具选中文本，打开【文本属性】泊坞窗，在【段落】选项区中，设置【段前间距】数值为 185%，如图 3-95 所示。

图 3-94　输入文本　　　　　　　　　　　图 3-95　设置文本

(32) 使用【文本】工具在页面中单击，在属性栏中设置字体为 Britannic Bold，字体大小为 14pt，然后输入文本内容，如图 3-96 所示。

(33) 使用【文本】工具在页面中单击，在属性栏中设置字体为 Arial，字体大小为 9pt，然后输入文本内容，如图 3-97 所示。

图 3-96　输入文字(1)　　　　　　　　　　图 3-97　输入文字(2)

(34) 选中步骤(30)至步骤(33)中创建的文本，在文档调色板中单击 C:86 M:48 Y:0 K:0 色板设置填充色，如图 3-98 所示。

(35) 在标准工具栏中，单击【保存】按钮，打开【保存绘图】对话框。在对话框中，选择绘图文档所要保存的位置，然后单击【保存】按钮，如图 3-99 所示。

图 3-98　设置文本

图 3-99　保存绘图文档

③.6　习题

1. 新建一个 90mm×55mm 大小的绘图文档，制作如图 3-100 所示的名片设计。
2. 使用绘图工具绘制图形，并结合修整图形命令，制作如图 3-101 所示的标志设计。

图 3-100　名片设计

图 3-101　标志设计

第4章

图形对象操作

学习目标

CorelDRAW X8 提供了强大的编辑对象功能，用户除了可以进行选择、复制等基本操作外，还可以进行移动、旋转、缩放和镜像等变换操作，从而使对象更加符合设计制作的需要。

本章重点

- ◉ 选择对象
- ◉ 调整对象排列顺序
- ◉ 复制对象
- ◉ 对齐与分布对象
- ◉ 变换对象
- ◉ 图框精确裁剪对象

4.1 选择对象

在 CorelDRAW X8 中，可以选择可见对象、视图中被其他对象遮挡的对象及组合或嵌套组合中的单个对象。对图形对象的选择是编辑图形最基本的操作。对象的选择可以分为选择单个对象、选择多个对象和选择绘图页中所有对象 3 种。此外，还可以按创建顺序选择对象、一次选择所有对象，以及取消选择对象。

4.1.1 选择单一对象

需要选择单个对象时，在工具箱中选择【选择】工具，单击要选取的对象，对象的四周会出现 8 个控制点，中央会显示中心点，这表明对象已经被选中，如图 4-1 所示。

提示

利用空格键可以快速从当前选定的工具切换到【选择】工具，再按空格键，又可切换回原来的工具，在实际工作中，用户使用这种快捷切换方式更加便捷。

图 4-1　选取对象

如果对象是处于组合状态的图形，要选择对象中的单个图形元素，可在按下 Ctrl 键的同时再单击此图形，此时图形四周将出现控制点，表明该图形已经被选中，如图 4-2 所示。也可以使用 Ctrl+U 组合键将对象解组后，再选择单个图形。

使用【选择】工具在绘图页面中按住鼠标左键并拖动出一个虚线框，将所要选取的对象全部框选后，释放鼠标即可选取全部被框选对象，如图 4-3 所示。在框选时，按住 Alt 键，则可以选择所有接触到虚线框的对象，不管该对象是否被全部包围在虚线框内。

图 4-2　选取群组内对象

图 4-3　框选对象

知识点

在选取对象后，选择【编辑】|【删除】命令或按键盘上的 Delete 键，可以从绘图中删除被选取的对象。要查看被删除的对象，可以选择【编辑】|【撤销】命令。

④.1.2　选择多个对象

在实际操作中，经常需要同时选择多个对象进行编辑。要选择多个对象时，在工具箱中选择【选择】工具，单击其中一个对象将其选中；然后按住 Shift 键不放，逐个单击其余的对象即可。也可以像选择单个对象一样，在工作区中按住鼠标左键，拖动鼠标创建一个虚线框，框选所要选择的所有对象，释放鼠标后，即可看到选框范围内的对象都被选中。

④.1.3　按顺序选择对象

使用快捷键，可以很方便地按图形的层叠关系，在工作区中从上到下快速地依次选取对象，并依次循环选取。在工具箱中选择【选择】工具，按 Tab 键，直接选取在绘图页面中最后绘制的图形对象。继续按 Tab 键，系统会按用户绘制图形的先后顺序从后到前逐步选取对象。

④.1.4　选择重叠对象

在 CorelDRAW X8 中，使用【选择】工具选择被覆盖在对象下面的图形对象时，按住 Alt 键在重叠处单击鼠标，即可选取被覆盖的图形。再次单击鼠标，则可以选取下一层的对象，以此类推，重叠在后面的图形都可以被选中。

④.1.5　全选对象

全选对象是指选择绘图页面中的所有对象，其中包括所有的图形对象、文本、辅助线和相应对象上的所有节点。选择【编辑】|【全选】命令，其中有【对象】、【文本】、【辅助线】和【节点】4 个全选命令，执行不同的全选命令会得到不同的全选结果。

- 【对象】命令：选择该命令，将选取绘图页面中的所有对象。
- 【文本】命令：选择该命令，将选取绘图页面中的所有文本对象。
- 【辅助线】命令：选择该命令，将选取绘图页面中的所有辅助线，被选取的辅助线呈红色被选中状态。
- 【节点】命令：在选取当前页面中的其中一个图形对象后，该命令才能使用，且被选取的对象必须是曲线对象。选择该命令，所选对象中的全部节点都将被选中。

 提示

在框选多个对象时，如果选取了多余的对象，可按住 Shift 键单击多选的对象，取消对该对象的选取。

④.2　调整对象排列顺序

在 CorelDRAW X8 中，绘制的对象是依次排列的，新创建的对象会被排列在原对象前，即最上层。用户可以通过菜单栏中的【对象】|【顺序】命令中的相关命令，调整所选对象的前后排列顺序；也可以在选定对象上右击，在弹出的菜单中选择【顺序】命令。

- 【到页面前面】：将选定对象移到页面上所有其他对象的前面。
- 【到页面后面】：将选定对象移到页面上所有其他对象的后面。
- 【到图层前面】：将选定对象移到活动图层上所有其他对象的前面。
- 【到图层后面】：将选定对象移到活动图层上所有其他对象的后面。
- 【向前一层】：将选定对象向前移动一个位置。如果选定对象位于活动图层上所有其他对象的前面，则将移到图层的上方。
- 【向后一层】：将选定对象向后移动一个位置。如果选定对象位于所选图层上所有其他对象的后面，则将移到图层的下方。
- 【置于此对象前】：将选定对象移到绘图窗口中选定对象的前面。
- 【置于此对象后】：将选定对象移到绘图窗口中选定对象的后面。

⊙ 【逆序】：将选定对象进行反向排序。

【例 4-1】在绘图文件中，改变图形对象顺序。

(1) 在打开的绘图文件中，选择【选择】工具选定需要排列顺序的对象。

(2) 在选定对象上右击，在弹出的快捷菜单中选择【顺序】|【到图层前面】命令，即可重新排列对象顺序，如图 4-4 所示。

图 4-4　排列对象

④.3　复制对象

在 CorelDRAW X8 中，复制对象有多种方法。选取对象后，按下数字键盘上的【+】键，即可快速地复制出一个新对象。

④.3.1　对象基本复制

选择对象后，可以通过复制对象，将其放置到剪贴板上，然后再粘贴到绘图页面或其他应用程序中。选择【编辑】|【复制】命令；或右击对象，在弹出的菜单中选择【复制】命令；或按 Ctrl+C 组合键；或单击标准工具栏中的【复制】按钮将对象复制到剪贴板中。再选择【编辑】|【粘贴】命令；或右击，在弹出的菜单中选择【粘贴】命令；或按 Ctrl+V 组合键；或单击标准工具栏中的【粘贴】按钮将剪贴板中的对象复制粘贴。

用户还可以在使用【选择】工具选择对象后，按下鼠标左键将对象拖动到适当的位置，在释放鼠标左键之前按下鼠标右键，即可将对象复制到该位置，如图 4-5 所示。

图 4-5　复制对象

④3.2 对象再制

对象的再制是指将对象按一定的方式复制为多个对象。再制对象时，可以沿着 X 和 Y 轴指定副本和原始对象之间的偏移距离。在绘图窗口中无任何选取对象的状态下，可以通过属性栏设置来调节默认的再制偏移距离。在属性栏上的【再制距离】数值框中输入 X、Y 方向上的偏移值即可。

【例 4-2】在绘图文件中，再制选中的对象。

(1) 使用【选择】工具选取需要再制的对象，按住鼠标左键拖动一定的距离，然后在释放鼠标左键之前右击，即可在当前位置复制一个副本对象，如图 4-6 所示。

图 4-6 复制对象

(2) 在绘图窗口中取消对象的选取，在工具属性栏中设置【再制距离】的 X 值为 50mm，Y 值为 50mm，然后选中刚复制的对象，选择菜单栏中的【编辑】|【再制】命令，即可按照刚才指定的距离和角度再制出新的对象，如图 4-7 所示。

图 4-7 再制对象

④3.3 复制对象属性

在 CorelDRAW X8 中，复制对象属性是一种比较特殊、重要的复制方法，它可以方便快捷地将指定对象中的轮廓笔、轮廓色、填充和文本属性，通过复制的方法应用到所选对象中。

【例 4-3】在绘图文件中，复制选定对象属性。

(1) 使用【选择】工具在绘图文件中选取需要复制属性的对象，如图 4-8 所示。

(2) 选择【编辑】|【复制属性自】命令，打开【复制属性】对话框。在【复制属性】对话框中，选择需要复制的对象属性选项，选中【填充】复选框，如图 4-9 所示。

图 4-8　选择对象　　　　　　　　　　　　　　图 4-9　设置复制属性

(3) 单击对话框中的【确定】按钮，当光标变为黑色箭头状态后，单击用于复制属性的源对象，即可将该对象的属性按照设置复制到所选择的对象上，如图 4-10 所示。

图 4-10　复制对象属性

提示

用鼠标右键按住一个对象不放，将对象拖动至另一对象上后，释放鼠标，在弹出的命令菜单中选择【复制填充】、【复制轮廓】或【复制所有属性】选项，即可将源对象中的填充、轮廓或所有属性复制到所选对象上，如图 4-11 所示。

图 4-11　复制对象属性

④.4　对齐与分布对象

CorelDRAW X8 允许用户在绘图中准确地对齐和分布对象。可以使对象互相对齐，也可以使对象与绘图页面的各个部分对齐，如中心、边缘和网格；互相对齐对象时，可以按对象的中心或边缘对齐。

4.1　对齐对象

使用【选择】工具在工作区中选择要对齐的对象后，将以最先创建的对象为对齐其他对象的基准，再选择【对象】|【对齐和分布】命令子菜单中的相应命令即可对齐对象。

- 左对齐：选择该命令，选中的对象以最先创建的对象为基准进行左对齐。
- 右对齐：选择该命令，选中的对象以最先创建的对象为基准进行右对齐。
- 顶端对齐：选择该命令，选中的对象将以最先创建的对象为基准进行顶端对齐。
- 底端对齐：选择该命令，选中对象将以最先创建的对象为基准进行底端对齐。
- 水平居中对齐：选择该命令，选中对象将以最后选定的对象为基准进行水平居中对齐。
- 垂直居中对齐：选择该命令，选中对象将以最后选定的对象为基准进行垂直居中对齐。
- 在页面居中：选择该命令，选中对象即可以页面为基准居中对齐。
- 在页面水平居中：选择该命令，选中对象即可以页面为基准水平居中对齐。
- 在页面垂直居中：选择该命令，选中对齐即可以页面为基准垂直居中对齐。

4.2　使用【对齐与分布】泊坞窗

使用【选择】工具选中两个或两个以上对象后，选择【对象】|【对齐和分布】|【对齐与分布】命令，或在属性栏中单击【对齐与分布】按钮，打开如图 4-12 所示的【对齐与分布】泊坞窗。在选中对象后，单击【对齐】选项区中相应的按钮，即可对齐对象。当单击对齐按钮后，单击泊坞窗中的下三角按钮，可以展开更多选项，在【对齐对象到】选项区中可以指定对齐对象的区域，如图 4-13 所示。

图 4-12　【对齐与分布】泊坞窗

图 4-13　对齐选项

- 【活动对象】按钮：单击该按钮，最后选定的对象将成为对齐其他对象的参照点；如果框选对象，则使用位于选定内容左上角的对象作为参照点进行对齐。
- 【页面边缘】按钮：单击该按钮，使对象与页边对齐。
- 【页面中心】按钮：单击该按钮，使对象与页面中心对齐。

- 【网格】按钮⊞：单击该按钮，使对象与最接近的网格线对齐。
- 【指定点】按钮▣：单击该按钮后，在指定坐标框中输入数值，使对象与指定点对齐。

在【对齐与分布】泊坞窗的【分布】选项区中，单击相应按钮，即可分布选中对象。单击分布按钮后，还可以指定分布对象的区域。

- 【左分散排列】按钮▫：单击该按钮后，从对象的左边缘起以相同间距排列对象。
- 【水平分散排列中心】按钮▫：单击该按钮后，从对象的中心起以相同间距水平排列对象。
- 【右分散排列】按钮▫：单击该按钮后，从对象的右边缘起以相同间距排列对象。
- 【水平分散排列间距】按钮▫：单击该按钮后，在对象之间水平设置相同的间距。
- 【顶部分散排列】按钮▫：单击该按钮后，从对象的顶边起以相同间距排列对象。
- 【垂直分散排列中心】按钮▫：单击该按钮后，从对象的中心起以相同间距垂直排列对象。
- 【底部分散排列】按钮▫：单击该按钮后，从对象的底边起以相同间距排列对象。
- 【垂直分散排列间距】按钮▫：单击该按钮后，在对象之间垂直设置相同的间距。

【例4-4】在绘图文件中，对齐分布对象。

(1) 使用【选择】工具选择需要对齐的所有对象，如图4-14所示。

(2) 单击属性栏中的【对齐与分布】按钮，在打开的【对齐与分布】泊坞窗中的【对齐】选项区中单击【垂直居中对齐】按钮，如图4-15所示。

图4-14 选择对象   图4-15 对齐对象

(3) 在【对齐与分布】泊坞窗的【对齐对象到】选项区中单击【页面边缘】按钮，并在【分布】选项区中单击【水平分散排列中心】按钮，如图4-16所示。

图4-16 分布对象

 提示

　单击【将对象分布到】选项区中的【选定的范围】按钮可以在环绕对象的边框区域上分布对象；单击【页面范围】按钮可以在绘图页面上分布对象。

计算机 基础与实训教材系列

④ 4.3 使用【步长和重复】命令

在编辑过程中可以使用【步长和重复】命令进行水平、垂直和角度再制。选择【编辑】|
【步长和重复】命令，或【窗口】|【泊坞窗】|【步长和重复】命令，打开如图 4-17 所示的【步
长和重复】泊坞窗。在【水平设置】选项区和【垂直设置】选项区中可以设置【类型】、【距
离】和【方向】选项。

在如图 4-18 所示的【类型】选项下拉列表中可以选择【无偏移】、【偏移】和【对象之间
的间距】选项。

图 4-17 【步长和重复】泊坞窗

图 4-18 【类型】选项

- 【无偏移】选项：是指不进行任何偏移。选择【无偏移】选项后，下面的【距离】和【方向】选项无法进行设置。

- 【偏移】选项：是指以对象为准进行水平偏移。选择【偏移】选项后，下面的【距离】和【方向】选项被激活，在【距离】选项后面输入数值，可以在水平方向上进行重复再制。当【距离】数值为0时，为原位置重复再制。

- 【对象之间的间距】选项：是指以对象之间的间距进行再制。选择该选项，可以激活【方向】选项，选择相应的方向，然后在份数后面输入数值进行再制。当【距离】数值为0时，为水平边缘重合的再制效果。

【例 4-5】制作幼儿园展板。

(1) 在 CorelDRAW X8 中，单击【新建】按钮，打开【创建新文档】对话框。在对话框中的【名称】文本框中输入"幼儿园展板"，设置【宽度】数值为 206mm，【高度】数值为 146mm，然后单击【确定】按钮，如图 4-19 所示。

(2) 选择【布局】|【页面背景】命令，打开【选项】对话框。在对话框中，选中【位图】单选按钮，单击【浏览】按钮，打开【导入】对话框。在对话框中，选择所需要的图像，然后单击【导入】按钮。选中【自定义尺寸】单选按钮，设置【水平】数值为 207，然后单击【确定】按钮，如图 4-20 所示。

(3) 选择【矩形】工具绘制，在属性栏中取消选中【锁定比率】按钮，设置对象【宽度】数值为 160mm，【高度】数值为 125mm，并在调色板中将填充色设置为白色，轮廓色设置为无，如图 4-21 所示。

图 4-19　新建文档　　　　　　　　　　　　图 4-20　设置页面背景

（4）继续使用【矩形】工具绘制矩形，在属性栏中设置对象原点为【左上】，设置对象【宽度】和【高度】数值为 4mm，并在调色板中将填充色设置为 C:0 M:60 Y:100 K:0，轮廓色设置为无，如图 4-22 所示。

图 4-21　绘制图形(1)　　　　　　　　　　　图 4-22　绘制图形(2)

（5）打开【变换】泊坞窗，单击【缩放和镜像】按钮，在显示的设置选项中单击【水平镜像】按钮，设置对象原点为【右中】，【副本】数值为 1，然后单击【应用】按钮。接着在调色板中设置填充色为 C:0 M:0 Y:100 K:0，如图 4-23 所示。

（6）选中步骤(4)至步骤(5)中创建的矩形，按 Ctrl+G 组合键组合，选择【编辑】|【步长和重复】命令，打开【步长和重复】泊坞窗。在泊坞窗中，设置【水平设置】选项区中的【距离】数值为 8mm；设置【垂直设置】选项区中的【距离】数值为 0mm，【份数】数值为 19，然后单击【应用】按钮，如图 4-24 所示。

图 4-23　变换图形　　　　　　　　　　　　图 4-24　设置步长和重复(1)

(7) 选中步骤(4)至步骤(6)中创建的矩形，按 Ctrl+G 组合键组合。在【步长和重复】泊坞窗中，设置【水平设置】选项区中的【距离】数值为 0mm；设置【垂直设置】选项区中的【距离】数值为-4mm，【份数】数值为1，然后单击【应用】按钮，如图 4-25 所示。

(8) 在属性栏中，设置对象原点为【中央】，然后单击【水平镜像】按钮，如图 4-26 所示。

图 4-25 设置步长和重复(2)　　　　　图 4-26 设置镜像

(9) 使用步骤(7)至步骤(8)的操作方法，添加其他组合对象，如图 4-27 所示。

(10) 在标准工具栏中单击【导入】按钮，打开【导入】对话框。在对话框中，选中需要导入的图像文档，然后单击【导入】按钮，如图 4-28 所示。

图 4-27 设置图形　　　　　　　图 4-28 导入图像

(11) 在绘图页面中单击导入图形文档，并在【对齐与分布】泊坞窗中，单击【底端对齐】按钮和【水平居中对齐】按钮，如图 4-29 所示。

(12) 选中步骤(3)和步骤(9)中创建的矩形，按 Ctrl+G 组合键组合对象。选择【阴影】工具在对象上拖动创建阴影，并在属性栏中设置【阴影的不透明度】数值为 25，【阴影羽化】数值为 5，如图 4-30 所示。

图 4-29 对齐图像　　　　　　　图 4-30 设置阴影

(13) 按 Ctrl+C 组合键复制刚编辑的对象，按 Ctrl+V 组合键粘贴，然后使用【选择】工具调整对象的位置及旋转角度，如图 4-31 所示。

(14) 选择【文本】工具在页面中输入文字内容，然后选择【选择】工具，在【对象属性】泊坞窗中设置字体为 Cooper Black，字体大小为 60pt，字体颜色为 C:2 M:100 Y:36 K:0，轮廓宽度为 1mm，轮廓颜色为白色，再使用【选择】工具调整文字大小及位置，如图 4-32 所示。

图 4-31　编辑图形　　　　　　　　　　　　　图 4-32　输入文字

(15) 选择【2 点线】工具，按住 Shift 键在页面中拖动绘制直线，并在属性栏中设置轮廓宽度数值为 0.5mm，在【起始箭头】和【终止箭头】下拉列表中选择圆形端，然后在调色板中设置轮廓色为 C:100 M:100 Y:0 K:0，如图 4-33 所示。

(16) 选择【文本】工具在页面中输入文字内容，然后选择【选择】工具，在【对象属性】泊坞窗中设置字体为 MV Boli，字体大小为 24pt，字体颜色为 C:40 M:29 Y:100 K:0，再使用【选择】工具调整文字位置，如图 4-34 所示。

图 4-33　绘制直线　　　　　　　　　　　　　图 4-34　输入文字

(17) 在标准工具栏中，单击【保存】按钮，打开【保存绘图】对话框。在对话框中，单击【保存】按钮保存绘图文档。

4.5　对象的群组与合并

用户可以把几个对象群组起来，方便操作。使用 CorelDRAW X8 提供的【群组】和【合并】命令可以将多条曲线、直线和不同的几何图形、文本，甚至一些复杂的图片等对象组合成一个新的对象，应用变换操作时，系统将把它当作一个对象处理。

④ 5.1　群组对象操作

在进行较为复杂的绘图编辑时，为了方便操作，可以对一些对象进行组合。组合以后的多个对象，将被作为一个单独的对象进行处理。

如果要组合对象，首先使用【选择】工具选取对象，然后选择【对象】|【组合】|【组合对象】命令；或在工具属性栏上单击【组合对象】按钮；或在选定对象上右击，在弹出的菜单中选择【组合对象】命令。用户还可以从不同的图层中选择对象，并组合对象。组合后，选择的对象将位于同一图层中，如图 4-35 所示。

图 4-35　组合对象

如果要将嵌套组合变为原始对象状态，则可以选择【对象】|【组合】|【取消组合对象】或【取消组合所有对象】命令；或在工具属性栏上单击【取消组合对象】或【取消组合所有对象】按钮；或在选定对象上右击，在弹出的快捷菜单中选择【取消组合对象】或【取消组合所有对象】命令。

④ 5.2　合并对象操作

合并对象与组合对象不同，使用【合并】命令可以将选定的多个对象合并为一个对象。组合时，选定的对象保持它们组合前的各自属性；而使用合并命令后，各对象将合并为一个对象，并具有相同的填充和轮廓。当应用【合并】命令后，对象重叠的区域会变为透明，其下的对象可见。

如果要合并对象，先使用【选择】工具选取对象，然后选择菜单栏中的【对象】|【合并】命令；或单击工具属性栏中的【合并】按钮；或在选定对象上右击，在弹出的快捷菜单中选择【合并】命令，如图 4-36 所示。

图 4-36　合并对象

💡 提示
　　合并后的对象属性和选取对象的先后顺序有关，如果采用点选的方式选择所要结合的对象，则结合后的对象属性与后选择的对象属性保持一致。如果采用框选的方式选取所要结合的对象，则结合后的对象属性会与位于最下层的对象属性保持一致。

合并对象后，可以通过【拆分曲线】命令取消合并，将合并的对象分离成结合前的各个独立对象。在选中合并对象后，选择菜单栏中的【对象】|【拆分曲线】命令；或在选定对象上右击，在弹出的菜单中选择【拆分曲线】命令；或按下 Ctrl+K 组合键；或单击属性栏中的【拆分】按钮图即可拆分对象。

4.6 变换对象

对图形对象的移动、缩放、倾斜、旋转和镜像等操作是在绘图编辑中经常需要使用的处理操作。选择【窗口】|【泊坞窗】|【变换】命令，在展开的子菜单中选择任意一项命令，即可打开【变换】泊坞窗。通过【变换】泊坞窗可以对所选对象进行移动、旋转、缩放、镜像等精确的变换设置。另外，在【变换】泊坞窗中还可在变换对象的同时，将设置应用于再制的对象，而原对象保持不变。

4.6.1 移动对象

使用【选择】工具选择需要移动的对象，然后在对象上按下鼠标左键并拖动，即可任意移动对象的位置。拖动对象时按住 Ctrl 键不放，可以使对象只在水平或垂直方向上移动。如果想移动一个对象到其他页面，可以拖动它到文档导航器的页码上，选择所需放置的页数，直到将对象放置在该页面的指定位置上，再释放鼠标。

1. 微调对象

使用键盘上的方向箭头可以任意方向微调对象。默认情况下，对象以 0.1mm 的增量移动。用户也可以通过【选项】对话框中的【文档】列表下的【标尺】选项来修改增量。在属性栏中同样可以设置微调距离。在取消所有对象的选取后，在【微调偏移】数值框中输入一个数值即可调整微调距离。

- 要以微调移动对象，使用【选择】工具选取要微调的对象，然后按下键盘上的箭头键。
- 要以较小的增量移动对象，先选取要微调的对象，按住Ctrl键不放，然后按下所需移动方向的箭头键。
- 要以较大的增量移动对象，先选取要微调的对象，按住Shift键不放，然后按下所需移动方向的箭头键。

2. 使用坐标定位对象

在 CorelDRAW X8 中，还可以使用设置的水平和垂直坐标来按照指定的距离移动对象。

选取对象后，在属性栏中可以快速地将对象移动到指定的位置。在 X 和 Y 数值框中输入数值确定对象的新位置，即相对于标尺原点的坐标。正值表示对象向上或向右移动，负值表示对象向下或向左移动。

除了上面介绍的方法，还可以选择【窗口】|【泊坞窗】|【变换】|【位置】命令，在【变换】泊坞窗中分别输入新的【水平】和【垂直】值。默认情况下，对象在定位时基于中心点移动，因此对象的中心将移动到指定的标尺坐标处。但用户可以使用【变换】泊坞窗指定新的锚点。锚点与对象的选定控制点相对应。通过改变锚点，可以将对象移到指定的标尺坐标处。

【例 4-6】在绘图文件中，使用泊坞窗移动并复制对象。

(1) 使用【选择】工具选择需要移动的对象，然后选择【窗口】|【泊坞窗】|【变换】|【位置】命令，打开【变换】泊坞窗，此时泊坞窗显示为【位置】选项组，如图 4-37 所示。

> **提示**
>
> 　　【相对位置】选项是指将对象或者对象副本，以原对象的锚点作为相对的坐标原点，沿某一方向移动到相对于原位置指定距离的新位置上。

图 4-37　选择对象并打开泊坞窗

(2) 在泊坞窗中选中【相对位置】复选框，并选择对象移动的相对位置，然后在 X 数值框中输入 110mm，设置【副本】数值为 1，单击【应用】按钮，可保留原来的对象不变，将设置应用到复制的对象上，如图 4-38 所示。

图 4-38　移动并复制对象

④6.2　旋转对象

在 CorelDRAW X8 中，可以自由旋转对象角度，也可以让对象按照指定的角度进行旋转。

1. 使用【选择】工具旋转对象

使用【选择】工具，可以通过拖动旋转控制柄交互式旋转对象。使用【选择】工具双击对象，对象的旋转和倾斜控制柄会显示出来。选取框的中心出现一个旋转中心标记。拖动任意一个旋转控制柄以顺时针或逆时针方向旋转对象，在旋转时分别按住 Alt 或 Shift 键可以同时使对象倾斜或调整对象大小，如图 4-39 所示。

图 4-39　旋转对象

2. 使用【自由旋转】工具

使用【自由变换】工具 📐 属性栏上的【自由旋转】工具 ↻，可以很容易地使对象围绕绘图窗口中的其他对象或任意点进行旋转，如图 4-40 所示。只需单击鼠标就可以设置旋转中心，单击的位置将成为旋转中心。开始拖动鼠标时，会出现对象的轮廓和一条延伸到绘图页面外的蓝色旋转线。旋转线指出从旋转中心旋转对象时基于的角度，通过对象的轮廓可以预览旋转的效果。

图 4-40　使用【自由旋转】工具

> **提示**
>
> 　　要旋转对象，也可以在选择所需要旋转的对象后，在属性栏中的【旋转角度】数值框中，对旋转的角度进行设置。

3. 精确旋转对象

在【变换】工具属性栏或【变换】泊坞窗中进行相应的设置可以使对象按照指定的数值快速旋转。要使对象绕着任意的选定控制柄旋转，可以使用【变换】泊坞窗修改旋转中心。旋转对象时，正数值可以使对象从当前位置逆时针旋转，负数值则顺时针旋转。

【例 4-7】在绘图文件中，使用泊坞窗旋转对象。

(1) 选择【选择】工具选定对象。选择【窗口】|【泊坞窗】|【变换】|【旋转】命令，打开【变换】泊坞窗。在打开的【变换】泊坞窗中，显示【旋转】选项组，如图 4-41 所示。

图 4-41　选择对象并打开泊坞窗

(2) 在泊坞窗中，取消选中【相对中心】复选框，设置【旋转角度】数值为-45°，X 数值为 200mm，Y 数值为 0mm，设置【副本】数值为 1，然后单击【应用】按钮，即可按照所设置的参数完成对象的旋转操作，如图 4-42 所示。

图 4-42　旋转对象

计算机 基础与实训教材系列

④6.3　缩放对象

在 CorelDRAW X8 中，可以缩放对象，调整对象的大小。用户可以通过保持对象的纵横比来按比例改变对象的尺寸，也可以通过指定值或直接更改对象来调整对象的尺寸，还可以通过改变对象的控制点位置缩放对象。

1. 使用【选择】工具缩放对象

使用【选择】工具选中对象后，可以通过调整对象控制点调整对象大小和缩放对象。

- 按住Shift键，同时拖动一个角控制点，可以从对象的中心调整选定对象的大小。
- 按住Ctrl键，同时拖动一个角控制点，可以将选定对象调整为原始大小的几倍。
- 按住Alt键，同时拖动一个角控制点，可以延展选定对象并同时调整其大小。

2. 使用【自由缩放】工具

在选中对象后，选择工具箱中的【自由变换】工具，然后再单击属性栏中的【自由缩放】工具，可以沿水平和垂直坐标轴缩放对象。另外，该工具放大和缩小对象时是相对于对象的参考点进行缩放的，只要在页面中单击即可设置参考点。在对象内部单击，可从中心缩放对象。在对象外部单击，可根据拖动鼠标的距离和方向来缩放和定位对象，如图 4-43 所示。

图 4-43　缩放和定位对象

3. 精确修改对象大小

默认状态下，CorelDRAW X8 以中心缩放对象。缩放是以指定的百分比改变对象的尺寸，调整大小则是以指定的数值改变对象的尺寸。使用【变换】泊坞窗，可以按照指定的值改变对象的尺寸。还可以通过设置属性栏中的【对象的大小】数值框中的数值精确设置对象大小。

【例 4-8】在绘图文件中，使用泊坞窗改变对象大小。

(1) 选择需要调整大小的对象，单击【变换】泊坞窗中的【大小】按钮，切换至【大小】选项组，如图 4-44 所示。

(2) 在【变换】泊坞窗中，将 X 数值框中的数值设置为 40mm，并选择对象缩放的相对位置，设置【副本】数值为 1，完成后单击【应用】按钮，即可调整对象的大小，如图 4-45 所示。

图 4-44　选择对象并打开泊坞窗　　　　图 4-45　调整对象大小

4 6.4　镜像对象

对 CorelDRAW X8 中的镜像选项进行相关设置可以实现水平或垂直镜像对象。水平镜像对象会将对象由左向右或由右向左翻转；垂直镜像对象则会将对象由上向下或由下向上翻转。

1. 使用【选择】工具镜像对象

使用【选择】工具选定对象后，将光标移动到对象左边或右边居中的控制点上，按下鼠标左键并向对应的另一边拖动，当拖出对象范围后释放鼠标，可使对象按不同的宽度比例进行水平镜像；如拖动上方或下方居中的控制点到对应的另一边，当拖出对象范围后释放鼠标，可使对象按不同的高度比例进行垂直镜像。

💠 **提示** -

　　使用【选择】工具镜像对象时，在拖动鼠标的同时按住 Ctrl 键，可以使对象在保持长宽比例不变的情况下水平或垂直镜像对象。在释放鼠标之前右击，可以在镜像对象的同时复制对象。

2. 使用【自由角度反射】工具

使用【自由变换】工具属性栏中的【自由角度反射】工具 ，可以按照指定的角度镜像绘图窗口中的对象，可以通过单击鼠标设置参考点。开始拖动鼠标时，会出现对象的轮廓和一条镜像线延伸到绘图窗口外。设置参考点的位置决定对象与镜像线之间的距离。镜像线指示了从参考点镜像对象时所基于的角度，拖动镜像线可设置镜像角度，如图 4-46 所示。

图 4-46　镜像对象

3. 精确镜像对象

在 CorelDRAW X8 中，通过属性栏和【变换】泊坞窗都可以精确地镜像对象。默认状态下，镜像的中心点是对象的中心点，用户可以通过【变换】泊坞窗修改中心点以指定对象的镜像方向。在【变换】泊坞窗中单击【缩放和镜像】按钮，切换到【缩放和镜像】选项设置。在该选项区域中，用户可以调整对象的缩放比例并使对象在水平或垂直方向上镜像，如图 4-47 所示。

- 【缩放】选项：用于调整对象在宽度和高度上的缩放比例。
- 【镜像】选项：使对象在水平或垂直方向上翻转。
- 【按比例】：选中该复选框，在调整对象的比例时，对象将按长宽比例缩放。

图 4-47　缩放和镜像对象

 提示

用户还可以通过调整属性栏中的【缩放因子】值来调整对象的缩放比例。单击属性栏中的【水平镜像】按钮 和【垂直镜像】按钮 ，也可以使对象水平或垂直镜像。

④6.5　倾斜对象

在 CorelDRAW X8 中，可以沿水平或垂直方向倾斜对象。用户不仅可以使用工具倾斜对象，还可以指定度数来精确倾斜对象。

1. 使用【选择】工具倾斜对象

使用【选择】工具双击对象，对象的旋转和倾斜控制柄会显示出来。其中双向箭头显示的是倾斜控制手柄。当光标移动到倾斜控制手柄上时，光标会变成倾斜标志。使用鼠标拖动倾斜控制手柄可以交互地倾斜对象；也可以在拖动时按住 Alt 键，同时沿水平和垂直方向倾斜对象；也可以在拖动时按住 Ctrl 键以限制对象的移动，如图 4-48 所示。

图 4-48　倾斜对象

2. 使用【自由倾斜】工具

使用【自由变换】工具属性栏中的【自由倾斜】工具 可以使对象基于一个参考点同时进行水平和垂直倾斜。单击绘图窗口中的任意位置可以快速设置倾斜操作基于的参考点，如图 4-49 所示。

3. 精确倾斜对象

用户也可以使用【变换】泊坞窗中的【倾斜】选项，精确地对图形的倾斜度进行设置。倾斜对象的操作方法与旋转对象的操作方法相似。

图 4-49　使用【自由倾斜】工具

④.7　锁定、解锁对象

锁定对象可以防止在绘图过程中无意中移动、变换、填充或以其他方式更改对象。在 CorelDRAW X8 中，可以锁定单个、多个或分组的对象。如果要修改锁定的对象，需要先解除锁定状态。用户可以一次解除锁定一个对象，也可以同时解除对所有锁定对象的锁定。

如果需要锁定对象，先使用【选择】工具选择对象，然后选择【对象】|【锁定】|【锁定对象】命令。也可以在选定对象上右击，在弹出的快捷菜单中选择【锁定对象】命令，把选定的对象固定在特定的位置上，以确保对象的属性不被更改，如图 4-50 所示。

图 4-50　锁定对象

　　锁定对象不适用于控制某些对象，如混合对象、嵌合于某个路径的文本和对象、含立体模型的对象、含轮廓线效果的对象，以及含阴影效果的对象等。

　　在锁定对象后，就不能对该对象进行任何的编辑。如果要继续编辑对象，就必须解除对象的锁定。如果要解锁对象，使用【选择】工具选择锁定的对象，然后选择【对象】|【锁定】|【解锁对象】命令即可。也可以在选定对象上右击，在弹出的快捷菜单中选择【解锁对象】命令，如图 4-51 所示。如果要解锁多个对象或对象组合，则使用【选择】工具选择锁定的对象，然后选择【对象】|【锁定】|【对所有对象解锁】命令即可。

图 4-51　解除锁定对象

④.8　图框精确剪裁对象

　　PowerClip 命令可以将对象置入目标对象的内部，使对象按目标对象的外形进行精确剪裁。在 CorelDRAW X8 中进行图形编辑、版式编排等操作时，PowerClip 命令是经常用到的一项重要功能。

④8.1　创建图框精确剪裁

　　要用图框精确剪裁对象，先使用【选择】工具选中需要置入容器中的对象，然后选择【对象】| PowerClip |【置于图文框内部】命令，当光标变为黑色粗箭头时单击作为容器的图形，即可将所选对象置于该图形中，如图 4-52 所示。

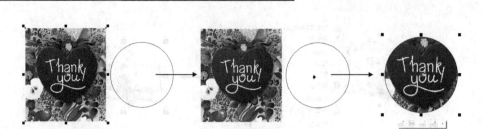

图 4-52　创建图框精确剪裁

知识点

要用图框精确剪裁对象，还可以使用【选择】工具选择需要置入容器中的对象，在按住鼠标右键的同时将该对象拖动到目标对象上，释放鼠标后弹出命令菜单，选择【PowerClip 内部】命令，所选对象即被置入目标对象中，如图 4-53 所示。

图 4-53　使用【PowerClip 内部】命令

【例 4-9】使用【图框精确剪裁】命令编辑图形对象。

(1) 打开绘图文档，并在标准工具栏中单击【导入】按钮，打开【导入】对话框。在对话框中，选中需要导入的图像文档，然后单击【导入】按钮，如图 4-54 所示。

图 4-54　导入图形

(2) 在绘图页面中，单击导入图像，保持导入对象的选中状态，然后选择【对象】|PowerClip|【置于图文框内部】命令，这时光标变为黑色粗箭头状态，单击要置入的图形对象，即可将所选对象置于该图形中，如图 4-55 所示。

(3) 选择【对象】|PowerClip|【编辑 PowerClip】命令，进入容器内部，根据需要对导入的图像进行缩放，如图 4-56 所示。

(4) 选择【对象】|PowerClip|【结束编辑】命令，如图 4-57 所示。

图 4-55 将所选对象放置在容器中

图 4-56 缩放对象　　　　　　　　　　图 4-57 结束编辑

4 8.2 创建 PowerClip 对象

CorelDRAW X8 中可以在图文框内放置矢量对象和位图。图文框可以是任何对象，如美术字或矩形。当内容对象大于图文框时，将对内容对象进行裁剪以适合图文框形状。这样就创建了图框精确剪裁对象。

1. 创建空 PowerClip 图文框

在 CorelDRAW X8 中选中要作为图文框的对象后，选择【对象】| PowerClip |【创建空 PowerClip 图文框】命令即可创建空 PowerClip 图文框，如图 4-58 所示。用户也可以右击对象，在弹出的快捷菜单中选择【框类型】|【创建空 PowerClip 图文框】命令。还可以选择【窗口】|【工具栏】|【布局】命令，打开【布局】工具栏，在【布局】工具栏中单击【PowerClip 图文框】按钮。

图 4-58 创建空 PowerClip 图文框

知识点

创建 PowerClip 图文框后，还可以将其还原为对象。选中 PowerClip 图文框后，右击，在弹出的快捷菜单中选择【框类型】|【无】命令，或单击【布局】工具栏中的【无框】按钮⊠即可。

2. 向 PowerClip 图文框中添加内容

要将对象或位图置入 PowerClip 图文框中，则按住鼠标将其拖动至 PowerClip 图文框中释放鼠标即可，如图 4-59 所示。要将对象添加到已有内容的 PowerClip 图文框中，在按住 W 键的同时，拖动对象至 PowerClip 图文框中释放鼠标即可。

图 4-59　向 PowerClip 图文框中添加内容

3. 编辑 PowerClip 对象

选择图框精确裁剪对象后，还可以进入容器内部，对内容对象进行缩放、旋转或移动位置等调整。要编辑内容对象，选择【对象】| PowerClip |【编辑 PowerClip】命令，即可编辑对象内容，如图 4-60 所示。在完成对图框精确剪裁内容的编辑后，选择【对象】|PowerClip|【结束编辑】命令；或在图框精确剪裁对象上右击，从弹出的快捷菜单中选择【结束编辑】命令，即可结束编辑。

图 4-60　编辑 PowerClip 对象

知识点

每当选中 PowerClip 对象时，都将在对象底部显示一个浮动工具栏，如图 4-61 所示。使用 PowerClip 浮动工具栏可以在图文框中编辑、选择、提取、锁定或重新定位内容。

4. 定位内容

选择图框精确裁剪对象后，可以选择【对象】| PowerClip 命令子菜单中的【内容居中】、【按比例调整内容】、【按比例填充框】或【延展内容以填充框】命令定位内容对象。

- 【内容居中】命令：将PowerClip图文框中内容对象设为居中，如图4-62所示。
- 【按比例调整内容】命令：在PowerClip图文框中，以内容对象最长一侧适合框的大小，内容对象比例不变，如图4-63所示。

图 4-61　PowerClip 浮动工具栏　　图 4-62　使用【内容居中】命令　图 4-63　使用【按比例调整内容】命令

- ● 【按比例填充框】命令：在PowerClip图文框中，缩放内容对象以填充框，并保持内容对象比例不变，如图4-64所示。
- ● 【延展内容以填充框】命令：在PowerClip图文框中，调整内容对象大小并进行变形，以使其填充框，如图4-65所示。

图 4-64　使用【按比例填充框】命令　　　　图 4-65　使用【延展内容以填充框】命令

④ 8.3　提取内容

　　【提取内容】命令用于提取嵌套图框精确裁剪中每一级的内容。选择【效果】| PowerClip | 【提取内容】命令；或者在图框精确剪裁对象上右击，从弹出的快捷菜单中选择【提取内容】命令，即可将置入容器中的对象从容器中提取出来，如图 4-66 所示。

图 4-66　提取内容

④ 8.4　锁定图框精确剪裁的内容

　　用户不但可以对图框精确剪裁对象的内容进行编辑，还可以右击，在弹出的快捷菜单中选择【锁定 PowerClip 的内容】命令，将容器内的对象锁定。要解除图框精确剪裁内容的锁定状态，只需再次选择【锁定 PowerClip 的内容】命令即可。解除锁定图框精确剪裁的内容后，在变换图框精确剪裁对象时，只对容器对象进行变换，而容器内的对象不受影响，如图 4-67 所示。

图 4-67　锁定图框精确剪裁的内容

4.9　上机练习

　　本章的上机练习通过制作 UI 设计的综合实例操作，使用户通过练习从而更好地掌握本章所介绍的图形对象编辑的方法和技巧。

　　(1) 选择【文件】|【新建】命令，打开【创建新文档】对话框。在对话框的【名称】文本框中输入"UI 设计"，设置【宽度】数值为 540mm，【高度】数值为 800mm，在【原色模式】下拉列表中选择 RGB 选项，然后单击【确定】按钮，如图 4-68 所示。

　　(2) 在对话框右侧的【辅助线】泊坞窗中，设置 y 数值为 40，然后单击【添加】按钮，如图 4-69 所示。

图 4-68　新建文档

图 4-69　创建辅助线(1)

　　(3) 使用与步骤(2)相同的操作方法，在【辅助线】泊坞窗中 y 数值框中分别输入 280、760，然后单击【添加】按钮，如图 4-70 所示。

　　(4) 在【辅助线】泊坞窗中的【辅助线类型】下拉列表中选择【垂直】选项，在 x 文本框中分别输入 40、270、500，然后单击【添加】按钮添加辅助线，如图 4-71 所示。

图 4-70 创建辅助线(2)

图 4-71 创建辅助线(3)

(5) 在【辅助线】泊坞窗中，按 Shift 键选中创建的辅助线，并单击泊坞窗底部的【锁定对象】按钮，锁定辅助线，如图 4-72 所示。

(6) 选择【矩形】工具依据辅助线拖动绘制矩形，并在调色板中右击【无】色板取消轮廓色，单击黑色色板填充矩形，如图 4-73 所示。

图 4-72 锁定辅助线   图 4-73 绘制图形(1)

(7) 选择【椭圆形】工具，按 Shift+Ctrl 组合键依据辅助线拖动绘制圆形，如图 4-74 所示。

(8) 在属性栏中设置【轮廓宽度】数值为 2.5mm，在调色板中，右击白色色板设置轮廓色，并按 F11 键打开【编辑填充】对话框。在对话框中，设置渐变填充为 R:255 G:255 B:255 至 R:128 G:128 B:128 至 R:77 G:77 B:77 至 R:51 G:51 B:51 色板，在混色条上添加两个滑块分别设置过渡颜色，设置【旋转】数值为 90°，然后单击【确定】按钮，如图 4-75 所示。

图 4-74 绘制图形(2)   图 4-75 填充对象

(9) 选择【窗口】|【泊坞窗】|【变换】|【大小】命令，打开【变换】泊坞窗。在泊坞窗中，设置 X 数值为 275mm，【副本】数值为 1，然后单击【应用】按钮，如图 4-76 所示。

计算机 基础与实训教材系列

(10) 在调色板中取消轮廓色，按 F11 键打开【编辑填充】对话框。在对话框中，设置渐变色为 R:0 G:51 B:153 至 R:102 G:102 B:255 至 R:0 G:255 B:255，【旋转】数值为 119.7°，【填充宽度】数值为 80%，然后单击【确定】按钮，如图 4-77 所示。

图 4-76　变换对象　　　　　　　　　　　　　　图 4-77　填充对象

(11) 在【变换】泊坞窗中，设置 X 数值为 240mm，【副本】数值为 1，然后单击【应用】按钮。并在状态栏中双击填充属性，打开【编辑填充】对话框。在对话框中单击【椭圆形渐变填充】按钮，设置渐变从浅灰到白色，设置【填充宽度】数值为 200%，X 数值为-22%，Y 数值为 22%，然后单击【确定】按钮填充变换的对象，如图 4-78 所示。

图 4-78　变换对象

(12) 保持刚创建对象的选中状态，选择【阴影】工具，在属性栏中单击【预设列表】下拉列表选择【小型辉光】选项，单击【阴影颜色】按钮，在弹出的下拉面板中选择黑色色板，设置【阴影的不透明度】数值为 80，【阴影羽化】数值为 8，如图 4-79 所示。

(13) 分别选择【矩形】工具和【椭圆形】工具，在页面中依据辅助线拖动绘制如图 4-80 所示的图形对象，并使用【选择】工具选中绘制的图形对象。

图 4-79　设置阴影　　　　　　　　　　　　　　图 4-80　绘制图形

(14) 单击属性栏中的【移除前面对象】按钮，然后在【对象属性】泊坞窗中单击【填充】按钮，再单击【均匀填充】按钮，设置填充颜色为 R:51 G:51 B:51，如图 4-81 所示。

(15) 选择【贝塞尔】工具在图像中绘制路径，并在【对象属性】泊坞窗中单击【轮廓】按钮，设置【轮廓宽度】为 10mm，【轮廓颜色】为 R:51 G:51 B:51，如图 4-82 所示。

图 4-81　绘制、编辑图形　　　　　　　　图 4-82　绘制路径

(16) 选择【对象】|【将轮廓转换为对象】命令将路径转换为图形。使用【选择】工具，按 Shift 键选中步骤(14)中创建的对象，然后单击属性栏中的【合并】按钮，如图 4-83 所示。

图 4-83　编辑图形

(17) 选择【矩形】工具在页面中拖动绘制矩形，在属性栏中设置【圆角半径】数值为 16mm，【轮廓宽度】数值为 2.5mm。在调色板中，右击白色色板设置轮廓色。并在【对象属性】泊坞窗中单击【填充】按钮，在【类型】选项区中单击【线性】按钮，设置渐变色为 R:77 G:77 B:77 至 R:179 G:179 B:179，【填充宽度】为 70%，【旋转】为 -90°，如图 4-84 所示。

(18) 按 Ctrl+C 组合键复制刚绘制的图形，按 Ctrl+V 组合键粘贴。在调色板中取消轮廓色，并在【对象属性】泊坞窗中，设置渐变色为 R:0 G:72 B:255 到 R:0 G:255 B:255，【填充宽度】为 80%，【旋转】为 90°，如图 4-85 所示。

图 4-84　绘制图形　　　　　　　　　　图 4-85　复制、编辑图形

(19) 选择【选择】工具选中刚填充渐变的对象，并调整对象大小，如图 4-86 所示。

(20) 选择【布局】|【页面背景】命令，打开【选项】对话框。在对话框中，选中【位图】单选按钮，并单击【浏览】按钮，打开【导入】对话框。在【导入】对话框中选中作为背景的图片并单击【导入】按钮。选中【自定义尺寸】单选按钮，取消选中【保持纵横比】复选框，设置【水平】数值为 540，【垂直】数值为 800，然后单击【确定】按钮，如图 4-87 所示。

图 4-86　调整图形　　　　　　　　　　　　　　图 4-87　设置页面背景

(21) 选择【文本】工具，在调色板中单击白色色板，在属性栏中【字体列表】中选择【方正黑体简体】，设置【字体大小】为 48pt，然后在页面中输入文字内容，如图 4-88 所示。

(22) 选择【阴影】工具，在属性栏中单击【预设列表】下拉列表，选择【平面右下】选项，设置阴影偏移值为 1.5mm 和 1mm，【阴影的不透明度】数值为 80，【阴影羽化】数值为 3，如图 4-89 所示。

图 4-88　输入文字　　　　　　　　　　　　　　图 4-89　添加阴影

(23) 使用与步骤(21)至步骤(22)相同的操作方法，在绘图文档中输入文字内容，并添加阴影效果，如图 4-90 所示。

(24) 选择【贝塞尔】工具绘制如图 4-91 所示的图形对象，并在调色板中取消轮廓色，单击白色填充对象。

(25) 选择【阴影】工具，在属性栏中单击【预设列表】下拉列表，选择【平面右下】选项，设置阴影偏移值为 2mm 和-1.4mm，设置【阴影的不透明度】数值为 80，【阴影羽化】数值为 7，如图 4-92 所示。

(26) 选择【文本】工具，在属性栏中的【字体列表】中选择 DFGothic-EB，设置【字体大小】为 60pt，然后在页面中单击输入文字，如图 4-93 所示。

图 4-90 添加文字

图 4-91 绘制图形

图 4-92 添加阴影

图 4-93 添加文字

(27) 选择【矩形】工具，在页面中按 Shift+Ctrl 组合键拖动绘制方形，然后在属性栏中设置【宽度】和【高度】数值为 116mm，【圆角半径】数值为 5mm，【轮廓宽度】数值为 2mm，并在调色板中设置轮廓色为白色，如图 4-94 所示。

(28) 按 Ctrl+C 组合键复制刚创建的图形，按 Ctrl+V 组合键粘贴。在属性栏中设置参考点为左侧中间，设置【宽度】数值为 58mm，单击【同时编辑所有角】按钮 ，设置右侧圆角半径为 0mm，如图 4-95 所示。

图 4-94 绘制图形

图 4-95 编辑图形

(29) 在调色板中取消轮廓色，并按 F11 键，打开【编辑填充】对话框。在对话框中的【类型】选项区中单击【线性渐变填充】按钮，设置渐变色，设置【旋转】为-90°，然后单击【确定】按钮，如图 4-96 所示。

(30) 在【变换】泊坞窗中单击【缩放和镜像】按钮，单击【水平镜像】按钮，设置参考中心点为右侧中间，【副本】数值为 1，然后单击【应用】按钮，如图 4-97 所示。

图 4-96　绘制填充图形

(31) 选择【矩形】工具拖动绘制矩形，并在属性栏中设置【轮廓宽度】数值为 2mm，【高度】数值为 116mm，在调色板中取消轮廓色。然后在【对象属性】泊坞窗中，单击【填充】按钮，再单击【渐变填充】按钮，并设置渐变从浅灰到白色，【旋转】数值为 0°，【填充宽度】数值为 2%，然后单击【确定】按钮，如图 4-98 所示。

图 4-97　镜像对象

图 4-98　绘制填充图形

(32) 选择【矩形】工具拖动绘制矩形，并在属性栏中设置【宽度】数值为 4mm，【高度】数值为 21mm，【圆角半径】为 0.6mm，【轮廓宽度】为【细线】。然后在【对象属性】泊坞窗中，设置渐变色，设置【旋转】为 90°，【填充宽度】为 100%，如图 4-99 所示。

(33) 在【变换】泊坞窗中，单击【位置】按钮。设置参考中心点为右侧中间，设置 X 数值为-112，【副本】为 1，然后单击【应用】按钮，如图 4-100 所示。

图 4-99　绘制填充图形

图 4-100　移动复制对象

(34) 选择【文本】工具，在属性栏的【字体列表】中选择 DFGothic-EB，设置【字体大小】为 255pt，然后在页面中单击输入文字，如图 4-101 所示。

(35) 使用【选择】工具选中步骤(27)中创建的圆角矩形，再选择【阴影】工具，在属性栏中单击【预设列表】下拉列表，选择【平面右下】选项，设置阴影偏移值为 1.5mm 和-1.5mm，设置【阴影的不透明度】数值为 80，【阴影羽化】数值为 2，如图 4-102 所示。

图 4-101 添加文字

图 4-102 添加阴影

(36) 使用【选择】工具选中步骤(34)中输入的文字，按 F11 键打开【编辑填充】对话框。在对话框中的【类型】选项区中单击【线性】按钮，设置渐变色效果，设置【角度】数值为 90°，然后单击【确定】按钮应用填充，如图 4-103 所示。

图 4-103 填充渐变

(37) 使用【选择】工具选中步骤(27)至步骤(36)中创建的对象，并按 Ctrl+G 组合键进行组合对象。在【变换】泊坞窗中，设置参考点为正中，设置 X 数值为 150mm，【副本】为 1，然后单击【应用】按钮，如图 4-104 所示。

(38) 使用与步骤(21)至步骤(22)相同的操作方法，输入冒号，并为其添加阴影效果，如图 4-105 所示。

图 4-104 移动复制对象

图 4-105 添加文字

(39) 选择【贝塞尔】工具在页面中绘制图形，并在调色板中取消轮廓色，设置填充色为白色，如图 4-106 所示。

(40) 使用与步骤(13)至步骤(16)相同的操作方法，分别创建其他的图形对象，如图 4-107 所示。

图 4-106　绘制图形(1)

图 4-107　绘制图形(2)

4.10　习题

1. 在绘图文档中，制作如图 4-108 所示的图形对象。
2. 在绘图文档中，制作如图 4-109 所示的图形对象。

图 4-108　图形对象(1)

图 4-109　图形对象(2)

第5章

编辑对象填充与轮廓

学习目标

CorelDRAW X8 中的对象填充功能非常强大，用户不仅可以对各种封闭的图形或文本填充所需颜色、渐变或纹理等，还可以对轮廓的颜色、宽度以及样式等属性进行编辑。

本章重点

- ◉ 使用调色板
- ◉ 填充对象
- ◉ 使用【网状填充】工具
- ◉ 编辑轮廓线
- ◉ 使用【对象属性】泊坞窗

5.1 使用调色板

在 CorelDRAW X8 中，选择颜色最快捷的方法就是使用工作区右侧的调色板。在选择一个对象后，可以通过选择工作区中的默认调色板设置对象的填充色和轮廓色。单击默认调色板中的色样，可以为选定的对象选择填充颜色。右击默认调色板中的一个色样，可以为选定的对象选择轮廓颜色，如图 5-1 所示。

图 5-1 填充颜色

提示

选中需要填充的对象后，在按住 Ctrl 键的同时，使用鼠标左键在调色板中单击想要添加的颜色，即可使填充朝着另一种颜色减淡。

在默认调色板中单击色样并按住鼠标，屏幕上将显示弹出式颜色挑选器，可以从一种颜色的不同灰度中单击选择颜色色样，如图 5-2 所示。要查看默认调色板中的更多颜色，单击调色板顶部和底部的滚动箭头即可。也可以选择调色板菜单中的【滚动到起始处】命令或【滚动到结束处】命令滚动调色板查看色样，如图 5-3 所示。

图 5-2　调色板　　　　图 5-3　滚动色板

⑤.1.1　选择调色板

选择【窗口】|【调色板】命令，将打开如图 5-4 左图所示的菜单命令，该菜单中提供了多种不同的调色板供用户选择使用。当选择一个调色板后，该调色板前会显示✓图标，并且所选调色板显示在工作区中，如图 5-4 右图所示。在工作区中，可以同时打开多个调色板，这样可以更方便地选择颜色。

图 5-4　选择调色板

⑤.1.2　使用【调色板管理器】泊坞窗

选择【窗口】|【调色板】|【调色板管理器】命令，打开如图 5-5 所示的【调色板管理器】泊坞窗。使用该泊坞窗可以打开、新建并编辑调色板。

1. 打开调色板

在【调色板管理器】泊坞窗中，系统提供了多种调色板可供用户使用。用户单击所需调色板名称前的🔘图标，当该图标显示为◉状态时，该调色板即显示在工作区中。用户也可以单击泊坞窗中的【打开调色板】按钮 ，在如图 5-6 所示的【打开调色板】对话框中将所需的调色板打开。

图 5-5 【调色板管理器】泊坞窗

图 5-6 【打开调色板】对话框

2. 新建调色板

在【调色板管理器】泊坞窗中，用户可以创建新调色板。单击泊坞窗中的【创建一个新的空白调色板】按钮 ，将打开如图 5-7 左图所示的【另存为】对话框。在该对话框的【文件名】文本框中输入所要创建的调色板的名称，在【描述】文本框中输入相关说明信息的文字，然后单击【保存】按钮即可创建一个空白调色板，如图 5-7 右图所示。

图 5-7 新建调色板

如果要在选取对象范围内新建调色板，只需在选择一个或多个对象后，单击【调色板管理器】泊坞窗中的【使用选定的对象创建一个新调色板】按钮 ，在打开的【另存为】对话框中，指定新建调色板的文件名，然后单击【保存】按钮即可。

单击【调色板管理器】泊坞窗中的【使用文档创建一个新调色板】按钮 ，可以从打开的文档范围内新建调色板。单击该按钮后，在打开的【另存为】对话框中，指定新建调色板的文件名，然后单击【保存】按钮即可。

选择【窗口】|【调色板】|【文档调色板】命令，可以在绘图页面底部显示空白调色板。用户也可以将其拖动至任意位置以便用户使用，如图 5-8 所示。

图 5-8 文档调色板

单击【文档调色板】中的▸按钮，在弹出的菜单中默认选中【自动更新】选项，当用户为图形对象填充颜色时，该颜色会自动添加到文档调色板中。当选择【从选定内容添加】选项时，可在选取对象范围内新建调色板；当选择【从文档添加】选项时，可从打开的文档范围内新建调色板。

3. 使用调色板编辑器

单击【调色板管理器】泊坞窗中的【打开调色板编辑器】按钮，或在【文档调色板】中双击颜色，打开如图 5-9 所示的【调色板编辑器】对话框，使用该对话框可以新建调色板，并为新建的调色板添加颜色。

图 5-9 【调色板编辑器】对话框

提示

要在【文档调色板】中添加颜色，还可以直接在绘图中选定对象后，按住鼠标左键将其拖动至【文档调色板】中，释放鼠标即可将对象中的颜色添加到【文档调色板】中。

【例 5-1】使用【调色板编辑器】对话框。

(1) 选择【窗口】|【调色板】|【调色板编辑器】命令，打开【调色板编辑器】对话框，如图 5-10 所示。

(2) 单击【调色板编辑器】对话框中的【新建调色板】按钮，可以打开【新建调色板】对话框。在该对话框的【文件名】文本框中输入新建调色板名称，然后单击【保存】按钮，如图 5-11 所示。

图 5-10 【调色板编辑器】对话框

图 5-11 新建调色板

(3) 单击【调色板编辑器】对话框中的【添加颜色】按钮，在打开的【选择颜色】对话框中调节所需颜色，然后单击【确定】按钮关闭【选择颜色】对话框，将调节好的颜色添加到调色板中，如图 5-12 所示。

图 5-12　添加颜色

(4) 使用与步骤(3)相同的操作方法，添加其他颜色，如图 5-13 所示。

(5) 单击【调色板编辑器】对话框中的【将颜色排序】按钮，在弹出的菜单中选择调色板中颜色排列的方式，如图 5-14 所示。

图 5-13　添加其他颜色　　　　　　　　　　图 5-14　排序颜色

提示

单击【编辑颜色】按钮，可以再次打开【选择颜色】对话框，在该对话框中可编辑当前所选颜色。编辑完成后，单击【确定】按钮即可。如果要删除某个颜色，单击【删除颜色】按钮即可将所选的颜色删除。而单击【重置调色板】按钮，可以恢复系统的默认值。

(6) 单击【保存调色板】按钮 ，保存新建调色板的设置。如果单击【调色板另存为】按钮，即可打开【另存为】对话框将当前调色板设置进行另存。

⑤.2　填充对象

在 CorelDRAW X8 中，提供了均匀填充、渐变填充和图样填充 3 种填充类型。用户可以选择预设的填充样式，也可以自己创建样式。

计
算
机
基
础
与
实
训
教
材
系
列

⑤ 2.1 均匀填充

均匀填充是在封闭路径的对象内填充单一的颜色。一般情况下，在绘制完图形后，单击工作界面右侧调色板中的颜色即可为绘制的图形填充所需要的颜色，如图 5-15 所示。

图 5-15 均匀填充

如果在调色板中没有所需的颜色，用户还可以自定义颜色。单击工具箱中的【交互式填充】工具，在属性栏中单击【均匀填充】按钮，然后可以单击【填充色】选项，打开弹出面板为选定的对象进行均匀填充操作。还可以单击【编辑填充】按钮，打开【编辑填充】对话框。在该对话框中，包括了【模型】、【混合器】和【调色板】3 种不同的颜色选项卡供用户使用。

1. 使用【模型】选项卡

在【均匀填充】对话框中选定【模型】选项卡后，可以单击【模型】下拉列表选择一种颜色模式，如图 5-16 所示。当选择好颜色模型后，用户可以通过多种方法来设置填充颜色。

◉ 可用鼠标直接拖动色轴上的控制点来显示各种颜色，然后在颜色预览区域中单击选定颜色，如图 5-17 所示。

图 5-16 【模型】下拉列表　　　　　　图 5-17 拖动设置颜色

◉ 可在【组件】选项区中对显示出的颜色参数进行设置得到所需的颜色，如图 5-18 所示。
◉ 可以在【名称】下拉列表中，选择系统定义好的一种颜色名称得到所需的颜色，如图 5-19 所示。

图 5-18 通过【组件】选项区设置颜色　　　图 5-19 使用【名称】下拉列表快速选择颜色

图 5-20　设置【颜色查看器】选项

知识点

【颜色查看器】下拉列表可以对【模型】选项卡的显示进行设置，如图 5-20 所示。

【例 5-2】在打开的绘图文件中，填充颜色。

(1) 选择要填充的对象，单击工具箱中的≫图标，从弹出的工具箱中选中【交互式填充】工具，在属性栏中单击【均匀填充】按钮，再单击【编辑填充】按钮打开【编辑填充】对话框，如图 5-21 所示。

图 5-21　选择填充对象并打开【编辑填充】对话框

(2) 在打开的【编辑填充】对话框中，在【模型】下拉列表中选择 RGB 选项，在【组件】中输入所需的颜色参数值 R:3 G:145 B:35，然后单击【确定】按钮即可填充图形，如图 5-22 所示。

图 5-22　均匀填充图形

2. 使用【混合器】选项卡

在【编辑填充】对话框中，单击【混合器】选项卡，其选项设置如图 5-23 所示。

- 【模型】选项：用于选择填充颜色的色彩模式。
- 【色度】选项：用于决定显示颜色的范围及颜色之间的关系，单击下拉按钮，可以从提供的下拉列表中选择不同的显示方式，如图 5-24 所示。
- 【变化】选项：从下拉列表中可以选择决定颜色表的显示色调，如图 5-25 所示。

图 5-23 【混合器】选项卡

图 5-24 【色度】下拉选项

● 【混合器】选项：从下拉列表中可以选择决定颜色表的显示色调，如图 5-26 所示。

图 5-25 【变化】下拉选项

图 5-26 【混合器】下拉选项

● 【大小】选项：用于设置颜色表所显示的列数，如图 5-27 所示。

图 5-27 【大小】选项

3. 使用【调色板】选项卡

在【编辑填充】对话框中，单击【调色板】选项卡，其选项设置如图 5-28 所示。在该对话框的【调色板】下拉列表中，包含了系统提供的固定调色板类型，如图 5-29 所示。

图 5-28 【调色板】选项卡

图 5-29 【调色板】下拉列表

拖动纵向颜色条中的矩形滑块，可从中选择一个需要的颜色区域，在左边的正方形颜色窗口中会显示该区域中的色样，如图 5-30 所示。在【淡色】选项区中设置数值，或拖动滑块，可以更改颜色的色调效果，如图 5-31 所示。

图 5-30　选择颜色区域

图 5-31　设置【淡色】

⑤2.2　渐变填充

渐变填充是根据线性、射线、圆锥或方角的路径将一种颜色向另一种颜色逐渐过渡。渐变填充有双色渐变和自定义渐变两种类型。双色渐变填充会将一种颜色向另一种颜色过渡，而自定义渐变填充则能创建不同的颜色重叠效果。用户也可以通过修改填充的方向，新增中间色彩或修改填充的角度来创建自定义渐变填充。在 CorelDRAW X8 中，提供了多种预设渐变填充样式。使用【选择】工具选取对象后，在工具箱中单击【交互式填充】工具，在属性栏中单击【渐变填充】按钮，将显示如图 5-32 所示的渐变填充设置。

图 5-32　渐变填充属性栏

在属性栏的【填充挑选器】选项下拉面板中可选择一种渐变填充选项，并且可以选择渐变类型，根据自己的需要对其进行重新设置，如图 5-33 所示。用户还可以在【编辑填充】对话框中自定义渐变填充样式，如图 5-34 所示。可以添加多种过渡颜色，使相邻的颜色之间相互融合。

图 5-33　【填充挑选器】选项

图 5-34　【编辑填充】对话框

【例 5-3】为选定对象填充自定义渐变。

(1) 在打开的绘图文件中，使用【选择】工具选择图形对象。单击工具箱中的【交互式填充】工具，在属性栏中单击【渐变填充】按钮，并单击【编辑填充】按钮，打开【编辑填充】对话框，如图 5-35 所示。

计算机 基础与实训教材系列

(2) 在对话框的【类型】选项区中选中【椭圆形渐变填充】按钮，在渐变色条上单击起始点色标，然后单击【节点颜色】选项，在弹出的面板中设置节点颜色，如图 5-36 所示。

图 5-35 选择图形对象和打开【编辑填充】对话框

图 5-36 设置渐变起始点及节点颜色

(3) 在渐变色条上双击，添加一个色标，使用与步骤(2)相同的操作方法，设置其节点颜色，如图 5-37 所示。

图 5-37 设置节点颜色

(4) 在渐变色条上，选中两个色标间的中心点滑块，拖动滑块调整渐变中心点位置，并在【变换】选项区中设置【填充宽度】数值为 80%，然后单击【确定】按钮应用自定义渐变，如图 5-38 所示。

图 5-38 应用自定义渐变

⑤2.3 图样填充

图样填充是反复应用预设生成的图案进行拼贴来填充对象。CorelDRAW X8 提供了向量图样、位图图样和双色图样填充，每种填充都提供对图样大小和排列的控制。使用【选择】工具选取对象后，打开【编辑填充】对话框。在对话框中分别单击【向量图样填充】、【位图图样填充】、【双色图样填充】、【底纹填充】或【PostScript 填充】按钮，可显示相应的设置选项。

1. 向量图样填充

向量图样填充既可以由矢量图案和线描样式图形生成，也可以通过导入图像的方式填充为位图图案。打开【编辑填充】对话框，在对话框中单击【向量图样填充】按钮，可以显示如图 5-39 所示的选项。

图 5-39 【向量图样填充】选项

2. 位图图样填充

位图图样填充可以选择位图图像进行图样填充，其复杂性取决于图像的大小和图像分辨率等。打开【编辑填充】对话框，在对话框中单击【位图图样填充】按钮，可以显示如图 5-40 所示的选项。

3. 双色图样填充

双色图样填充是指为对象填充只有【前部】和【后部】两种颜色的图案样式。打开【编辑填充】对话框，在对话框中单击【双色图样填充】按钮，可以显示如图 5-41 所示的选项。在【编辑填充】对话框中，选中【与对象一起变换】复选框可以将对象变换应用于填充。

图 5-40 【位图图样填充】选项　　　　图 5-41 【双色图样填充】选项

知识点 ·········

在【编辑填充】对话框中选中【向量图样填充】按钮或【位图图样填充】按钮时，可以从【填充挑选器】中选择个人存储的图样文档。在使用位图进行填充时，复杂的位图会占用较多的内存空间，所以会影响填充速度。

【例5-4】在绘图文件中，应用图样填充。

(1) 在打开的绘图文件中，使用【选择】工具选择图形对象。单击工具箱中的【交互式填充】工具，在属性栏中单击【双色图样填充】按钮，再单击【编辑填充】按钮，打开【编辑填充】对话框，如图 5-42 所示。

图 5-42　选择图形对象和打开【编辑填充】对话框

(2) 在对话框中选中【双色】单选按钮，在图样下拉面板中选择一种图样；单击【前景颜色】下拉面板，从中选择色板；然后单击【背景颜色】下拉面板，从中选择色板；单击【锁定纵横比】按钮，设置【填充宽度】数值为 50mm，【旋转】数值为 45°，然后单击【确定】按钮应用图样填充，如图 5-43 所示。

图 5-43　应用图样填充

4. 底纹填充

底纹填充是随机生成的填充，可用来赋予对象自然的外观。CorelDRAW X8 提供预设的底纹，而且每种底纹均有一组可以更改的选项。用户可以使用任一颜色模型或调色板中的颜色来自定义底纹填充。底纹填充只能包含RGB颜色，但是，可以将其他颜色模型和调色板作为参考来选择颜色。

使用【选择】工具选取对象后，打开【编辑填充】对话框。在对话框中单击【底纹填充】按钮，可显示相应的设置选项，如图 5-44 所示。

在对话框中，单击【变换】按钮打开如图 5-45 所示的【变换】对话框。在【变换】对话框中可以更改底纹填充的平铺大小，设置平铺原点来准确指定填充的起始位置。还允许用户偏移填充中的平铺，当相对于对象顶部调整第一个平铺的水平或垂直位置时，会影响其余的填充。此外，还可以旋转、倾斜、调整平铺大小，并且更改底纹中心来创建自定义填充。

图 5-44　【底纹填充】选项　　　　　　　图 5-45　【变换】对话框

在对话框中，单击【选项】按钮打开如图 5-46 所示【底纹选项】对话框。在【底纹选项】对话框中，增加底纹平铺的分辨率时，会增加填充的精确度。

用户可以将修改的底纹保存到底纹库中。单击【编辑填充】对话框中的➕按钮，打开如图 5-47 所示的【保存底纹为】对话框，在【底纹名称】文本框中输入底纹的保存名称，并在【库名称】下拉列表中选择保存后的位置，然后单击【确定】按钮即可。

图 5-46　【底纹选项】对话框　　　　　　图 5-47　【保存底纹为】对话框

【例 5-5】在绘图文件中，应用底纹填充。

(1) 在打开的绘图文件中，使用【选择】工具选择图形对象。然后按 F11 键打开【编辑填充】对话框，在对话框中单击【底纹填充】按钮，并在【底纹库】下拉列表中选择【样本 9】，如图 5-48 所示。

图 5-48　选择图形对象及打开【编辑填充】对话框

(2) 在【样本 9】底纹库的【底纹列表】中选择【烤箱】，然后设置【环数】为 3，【最小环宽】为 200，【波纹密度】为 45，如图 5-49 所示。

(3) 单击【变换】按钮，打开【变换】对话框。设置【填充宽度】为 50mm，选中【行偏移】按钮，设置数值为 30，选中【与对象一起变换】复选框，然后单击【确定】按钮，如图 5-50 所示。

图 5-49　选择底纹颜色　　　　　　　　　　　图 5-50　设置变换

(4) 单击【保存底纹】按钮，打开【保存底纹为】对话框。在对话框的【底纹名称】文本框中输入"烤箱(自定义)"，然后单击【确定】按钮，如图 5-51 所示。

(5) 设置完成后，单击【编辑填充】对话框底部的【确定】按钮关闭对话框，并应用底纹填充，效果如图 5-52 所示。

图 5-51　保存底纹　　　　　　　　　　　图 5-52　应用底纹填充

5. PostScript 底纹填充

PostScript 底纹填充是使用 PostScript 语言创建的特殊纹理填充对象。有些 PostScript 底纹填充较为复杂，因此，包含 PostScript 底纹填充的对象在打印或屏幕更新时需要较长时间；或填充可能不显示，而显示字母 PS，这取决于使用的视图模式。在应用 PostScript 底纹填充时，可以更改底纹大小、线宽、底纹的前景或背景中出现的灰色量等参数。在【编辑填充】对话框中选择不同的底纹样式时，其参数设置也会相应发生改变，如图 5-53 所示。

图 5-53　选择不同 PostScript 底纹

【例 5-6】在绘图文件中，应用 PostScript 底纹填充。

(1) 在打开的绘图文件中，使用【选择】工具选择图形对象。然后按 F11 键打开【编辑填充】对话框，在对话框中单击【PostScript 底纹】按钮，如图 5-54 所示。

图 5-54　选择图形对象并打开【编辑填充】对话框

(2) 在底纹列表中选择【彩色圆】选项，然后设置【数目(每平方英寸)】数值为 50，【最大】数值为 200，【最小】数值为 5，【随机数种子】为 10，单击【刷新】按钮预览效果，设置完成后单击【确定】按钮应用 PostScript 底纹填充，如图 5-55 所示。

图 5-55　应用 PostScript 底纹填充

⑤.3　智能填充

　　使用【智能填充】工具 ，除了可以为对象应用普通的标准填充外，还能自动识别重叠对象的多个交叉区域，并对这些区域应用色彩和轮廓填充。在填充的同时，还能将填色的区域生成新的对象。在如图 5-56 所示的【智能填充】工具属性栏中可以设置工具填充效果。

图 5-56　【智能填充】工具属性栏

- ● 【填充选项】：将选择的填充属性引用到新对象，其中包括【使用默认值】、【指定】和【无填充】3 个选项。
- ● 【填充色】：为对象设置内部填充颜色，该选项只有在【填充选项】设置为【指定】时才可用。
- ● 【轮廓】：将选择的轮廓属性应用到对象，其中包括【使用默认值】、【指定】和【无轮廓】3 个选项。
- ● 【轮廓宽度】：选择对象的轮廓宽度。
- ● 【轮廓色】：为对象设置轮廓颜色，该选项只有在【轮廓】选项设置为【指定】时可用。

【例 5-7】在绘图文件中，使用【智能填充】工具填充图形对象。

(1) 选择【文件】|【打开】命令，打开一个绘图文档，如图 5-57 所示。

(2) 选择【智能填充】工具，在属性栏【填充选项】下拉列表中选择【指定】选项，设置填充色为 R:0 G:0 B:255，【轮廓选项】为【无轮廓】，然后使用【智能填充】工具单击图形区域，如图 5-58 所示。

图 5-57　打开文档

图 5-58　单击填充区域

(3) 使用与步骤(2)相同的操作方法，在属性栏中重新设置填充色，然后使用【智能填充】工具单击图形区域填充颜色，如图 5-59 所示。

(4) 在属性栏中，设置【填充选项】为【无填充】，设置【轮廓】为【指定】，【轮廓宽度】为 5mm，设置轮廓颜色为白色，然后使用【智能填充】工具单击图形区域，如图 5-60 所示。

图 5-59　填充对象

图 5-60　重新填充对象轮廓

 知识点

当页面中只有一个对象时，在页面空白处单击，即可为该对象填充颜色。

5.4 使用【网状填充】工具

使用【网状填充】工具，可以为对象应用复杂的独特效果。应用网状填充时，不但可以指定网格的列数和行数，而且可以指定网格的交叉点。创建网状对象之后，还可以通过添加和删除节点或交点来编辑网状填充网格。在如图 5-61 所示的属性栏中，可以设置【网状填充】工具的填充效果。

图 5-61 【网状填充】工具属性栏

- 【网格大小】选项：可以分别设置水平和垂直方向上网格的数目。
- 【选取模式】选项：单击该按钮，可以从弹出的下拉列表中选择【矩形】和【手绘】选项作为选定内容的选取框。
- 【添加交叉点】按钮：单击该按钮，可以在网状填充的网格中添加一个交叉点。
- 【删除节点】按钮：删除所选节点，改变曲线对象的形状。
- 【转换为线条】按钮：将所选节点处的曲线转换为直线。
- 【转换为曲线】按钮：将所选节点对应的直线转换为曲线，转换为曲线后的线段会出现两个控制柄，通过调整控制柄更改曲线的形状。
- 【尖突节点】按钮：单击该按钮，可以将所选节点转换为尖突节点。
- 【平滑节点】按钮：单击该按钮，可将所选节点转换为平滑点，提高曲线的圆润度。
- 【对称节点】按钮：将同一曲线形状应用到所选节点的两侧，使节点两侧的曲线形状相同。
- 【对网状填充颜色进行取样】按钮：从文档窗口中对选定节点进行颜色选取。
- 【网状填充颜色】：为所选节点选择填充颜色。
- 【透明度】：设置所选节点透明度。
- 【曲线平滑度】：通过更改节点数量调整曲线平滑度。
- 【平滑网状颜色】按钮：减少网状填充中的硬边缘，使填充颜色过渡更加柔和。
- 【复制网状填充】按钮：将文档中另一个对象的网状填充应用到所选对象。
- 【清除网状】按钮：移除对象中的网状填充。

【例 5-8】在绘图文件中，使用【网状填充】工具填充图形对象。

(1) 在打开的绘图文件中，使用【选择】工具选择图形对象，然后选择【网状填充】工具，在选中的对象上单击将出现网格，如图 5-62 所示。

(2) 将光标靠近网格线，当光标变为 形状时在网格线上双击，可以添加一条经过该点的网格线，如图 5-63 所示。

(3) 选择要填充的节点，使用鼠标左键单击调色板中相应的色样即可对该节点处的区域进行填充，如图 5-64 所示。

(4) 选择要填充的节点，在属性栏中单击【网状填充颜色】选项，在弹出的面板中单击【更多】按钮，打开【选择颜色】对话框。在对话框中，设置填充颜色为 C:64 M:7 Y:100 K:0，然后单击【确定】按钮，如图 5-65 所示。

图 5-62　选择对象

图 5-63　添加网格线

图 5-64　填充颜色(1)　　　　　　　　　图 5-65　填充颜色(2)

(5) 将光标移动到节点上，按住并拖动节点，即可改变颜色填充的效果，网格上的节点调整方法与路径上的节点调整方法相似，如图 5-66 所示。

图 5-66　调整颜色

提示

网状填充只能应用于闭合对象或单条路径。如果要在复杂的对象中应用网状填充，首先必须创建网状填充的对象，然后将它与复杂对象组合。

5.5　滴管工具

　　滴管工具包括【颜色滴管】工具和【属性滴管】工具。【颜色滴管】工具是取色和填充的辅助工具。【属性滴管】工具还可以选择并复制对象属性，如填充、线条粗细、大小和效果等。使用滴管工具吸取对象中的填充、线条粗细、大小和效果等对象属性后，将自动切换到【应用颜色】工具或【应用对象属性】工具，将这些对象属性应用于工作区中的其他对象上。

1. 【颜色滴管】工具

　　任意绘制一个图形对象，然后使用【颜色滴管】工具在绘制的图形上单击进行取样。再移动光标至需要填充的图形对象上，当光标出现纯色色块时，单击鼠标左键即可填充对象。若要填充对象轮廓颜色，则将光标移动至对象轮廓上，单击鼠标左键即可为对象轮廓填充颜色，如图 5-67 所示。

图 5-67　使用【颜色滴管】工具

　　选择【颜色滴管】工具后，在如图 5-68 所示的工具属性栏中，可以设置【颜色滴管】工具的取色方式。

图 5-68　【颜色滴管】工具属性栏

- ⦿　【选择颜色】按钮：单击该按钮，可以在绘图页面中进行颜色取样。
- ⦿　【应用颜色】按钮：单击该按钮，可以将取样的颜色应用到其他对象上。
- ⦿　【从桌面选择】按钮：单击该按钮，【颜色滴管】工具不仅可以在绘图页面中进行颜色取样，还可以在应用程序外进行颜色取样。
- ⦿　【1×1】、【2×2】、【5×5】按钮：单击该按钮后，可以对 1×1、2×2、5×5 像素区域内的平均颜色值进行取样。
- ⦿　【所选颜色】：对取样的颜色进行查看。
- ⦿　【添加到调色板】按钮：单击该按钮，可将取样的颜色添加到【文档调色板】或【默认 CMYK 调色板】中，单击该选项右侧的按钮可显示调色板类型。

2. 【属性滴管】工具

　　【属性滴管】工具的使用方法与【颜色滴管】工具类似。在如图 5-69 所示的属性栏中，可以对滴管工具的工具属性进行设置，如设置取色方式、要吸取的对象属性等。

图 5-69　【属性滴管】工具属性栏

分别单击【属性】、【变换】、【效果】按钮，可以展开选项面板。在展开的选项面板中，被勾选的选项表示【属性滴管】工具能吸取的信息范围。吸取对象中的各种属性后，就可以使用【应用对象属性】工具将这些属性应用到其他对象上。

【例 5-9】在绘图文件中，使用【属性滴管】工具复制对象属性。

(1) 打开一个绘图文件，并使用【选择】工具选择其中之一的图形对象，如图 5-70 所示。

(2) 选择【属性滴管】工具，在属性栏的【属性】下拉列表中选中【轮廓】、【填充】复选框，然后单击【确定】按钮，如图 5-71 所示。

图 5-70　选择图形对象　　　　　　　　　　　图 5-71　使用【属性滴管】工具

(3) 使用【属性滴管】工具单击对象，当光标变为油漆桶 形状时，使用鼠标单击需要应用对象属性的对象，即可将吸取的源对象信息应用到目标对象中，如图 5-72 所示。

图 5-72　复制对象属性

⑤.6　编辑轮廓线

在绘图过程中，可通过修改对象的轮廓属性来修饰对象。默认状态下，系统为绘制的图形添加颜色为黑色、宽度为 0.2mm、线条样式为直线的轮廓线。

⑤6.1　修改轮廓线

在 CorelDRAW X8 中，用户可以在选取需要设置轮廓属性的对象后，双击状态栏中的轮廓状态，或按 F12 键，打开如图 5-73 所示的【轮廓笔】对话框。使用【轮廓笔】对话框可以设置轮廓线的宽度、线条样式、边角形状、线条端头形状、箭头形状、书法笔尖形状等。

在该对话框中，单击【颜色】下拉按钮，在展开的颜色选取器中可以选择合适的轮廓颜色，如图 5-74 所示。

图 5-73　【轮廓笔】对话框　　　　　　　图 5-74　设置轮廓颜色

在【轮廓笔】对话框的【宽度】选项中可以选择或自定义轮廓的宽度，并可在【宽度】数值框右边的下拉列表中选择数值的单位，如图 5-75 所示。选择需要设置轮廓宽度的对象后，再单击属性栏中的【轮廓宽度】选项进行设置，如图 5-76 所示。在该选项下拉列表中可以选择预设的轮廓宽度，也可以直接在该选项数值框中输入所需的轮廓宽度值。

图 5-75　设置宽度　　　　　　　　　　　图 5-76　选择轮廓宽度

在【样式】下拉列表中可以为轮廓线选择一种线条样式，如图 5-77 所示。单击【编辑样式】按钮，在打开的【编辑线条样式】对话框中可以自定义线条样式，如图 5-78 所示。

图 5-77　选择线条样式　　　　　　　　图 5-78　【编辑线条样式】对话框

在【轮廓笔】对话框的【角】选项栏中，可以将线条的拐角设置为尖角、圆角或斜角样式。【斜接限制】选项用于消除添加轮廓时出现的尖突情况，可以在数值框中输入数值进行修改。

数值越小越容易出现尖突，正常情况下 45° 为最佳值。【线条端头】选项栏中，可以设置线条端头的效果。【位置】选项栏中，可以设置描边位于路径的内侧、居中或外侧。在【箭头】选项区中，可以设置起始端和终止端的箭头样式，如图 5-79 所示。单击【选项】按钮，从弹出的下拉列表中选择【编辑】选项，可以打开如图 5-80 所示的【箭头属性】对话框设置箭头样式。

图 5-79　【箭头】选项区

图 5-80　【箭头属性】对话框

在【书法】选项区中，可以为轮廓线条设置书法轮廓样式，如图 5-81 所示。在【展开】数值框中输入数值，可以设置笔尖的宽度。在【角度】数值框中输入数值，可以基于绘画而更改画笔的方向。用户也可以在【笔尖形状】预览框中单击或拖动，手动调整书法轮廓样式。

图 5-81　【书法】选项区

提示

在【轮廓笔】对话框中，选中【填充之后】复选框能将轮廓限制在对象填充的区域之外。选中【随对象缩放】复选框，则在对图形进行比例缩放时，其轮廓的宽度会按比例进行相应的缩放。

⑤ 6.2　清除轮廓线

在绘制图形时，默认轮廓线宽度为 0.2mm，轮廓色为黑色，通过相关操作可以将轮廓线去除，以达到想要的效果。在 CorelDRAW X8 中提供了 4 种清除轮廓线的方法。

- 选中对象，在调色板中右击【无】色板将轮廓线去除。
- 选中对象，单击属性栏中【轮廓宽度】下拉按钮，从弹出的菜单中选择【无】选项将轮廓线去除。
- 选中对象，在属性栏中【线条样式】的下拉列表中选择【无样式】选项将轮廓线去除。
- 选中对象，双击状态栏中轮廓笔状态，或按 F12 键打开【轮廓笔】对话框，在对话框中的【宽度】下拉列表中选择【无】选项，然后单击【确定】按钮将轮廓线去除。

⑤6.3　转换轮廓线

在 CorelDRAW X8 中，只能对轮廓线进行宽度、颜色和样式的调整。如果要为对象中的轮廓线填充渐变、图样或底纹效果，或者要对其进行更多的编辑，可以选择并将轮廓线转换为对象，以便能进行下一步的编辑。

选择需要转换轮廓线的对象，选择【对象】|【将轮廓转换为对象】命令可将该对象中的轮廓转换为对象，然后即可为对象轮廓使用渐变、图样或底纹效果填充，如图 5-82 所示。

图 5-82　将轮廓转换为对象

⑤.7　使用【颜色】泊坞窗

选择【窗口】|【泊坞窗】|【彩色】命令，可以在绘图窗口右边打开【颜色泊坞窗】泊坞窗，如图 5-83 所示。在该泊坞窗中，可以通过对颜色值进行设置，然后将该颜色填充到对象的内部或轮廓中。

在【颜色泊坞窗】泊坞窗中，单击【自动应用颜色】按钮🔒将颜色挑选器与填充或轮廓关联起来，以便可以自动更新该颜色。

【例 5-10】使用【颜色泊坞窗】泊坞窗设置颜色，填充对象。

(1) 在打开的绘图文档中，使用【选择】工具选中需要填充的对象，如图 5-84 所示。

图 5-83　【颜色泊坞窗】泊坞窗　　　　图 5-84　选择填充对象

(2) 选择【窗口】|【泊坞窗】|【彩色】命令，打开【颜色泊坞窗】泊坞窗。在泊坞窗中，拖动各个颜色滑块或直接在对应的数值框中输入数值，以设置相应的颜色值，然后单击【填充】按钮，对象即被填充为该颜色，如图 5-85 所示。

(3) 重新设置一个颜色，单击【轮廓】按钮，则对象的轮廓即被填充为该颜色，如图 5-86 所示。

图 5-85　设置填充　　　　　　　　　　　　　　图 5-86　设置轮廓

5.8　使用【对象属性】泊坞窗

选择【窗口】|【泊坞窗】|【对象属性】命令，或按 Alt+Enter 组合键，即可打开【对象属性】泊坞窗。

在【对象属性】泊坞窗中单击顶部的【轮廓】按钮，可以显示出当前所选对象的轮廓属性设置，单击【轮廓】选项组底部的按钮，可以展开更多选项，如图 5-87 所示。用户也可以在其中为对象重新设置轮廓属性。

单击【对象属性】泊坞窗顶端的【填充】按钮，可以快速地显示出当前所选对象的填充属性。用户可以在其中为对象重新设置填充参数。在【填充类型】选项区中，所选对象当前的填充类型为选取状态；单击其他类型按钮，可以为所选对象更改填充类型。选择了需要的填充类型后，可在下方显示对应的设置选项。选择不同的填充类型，填充设置选项也不同，如图 5-88 所示。

图 5-87　【轮廓】选项组

图 5-88　【填充】选项组

5.9 上机练习

本章的上机练习通过制作化妆品包装设计的综合实例操作，使用户通过练习从而巩固本章所学知识。

(1) 选择【文件】|【新建】命令，打开【创建新文档】对话框。在对话框的【名称】文本框中输入"化妆品包装设计"，设置【宽度】为 210mm，【高度】为 280mm，然后单击【确定】按钮，如图 5-89 所示。

(2) 选择【布局】|【页面背景】命令，打开【选项】对话框。在该对话框中选中【位图】单选按钮，再单击【浏览】按钮，打开【导入】对话框。在【导入】对话框中，选中所需要的图像文档，然后单击【导入】按钮，如图 5-90 所示。

图 5-89 新建文档

图 5-90 设置页面背景

(3) 在【选项】对话框的【位图尺寸】选项区中，选中【自定义尺寸】单选按钮，取消选中【保持纵横比】复选框，设置【水平】数值为 210，【垂直】数值为 280，然后单击【确定】按钮，如图 5-91 所示。

(4) 选择【矩形】工具在绘图页面中拖动绘制矩形，并在属性栏中设置对象大小的【宽度】数值为 70mm，【高度】数值为 120mm，如图 5-92 所示。

图 5-91 设置页面背景

图 5-92 绘制图形

(5) 在【变换】泊坞窗中，单击【缩放和镜像】按钮，设置对象原点为【中下】，单击【垂直镜像】按钮，设置【副本】数值为 1，然后单击【应用】按钮，如图 5-93 所示。

(6) 在属性栏中设置对象原点为【中上】，对象大小的【高度】数值为 40mm，如图 5-94 所示。

图 5-93　变换复制图形　　　　　　　图 5-94　编辑图形

(7) 选中步骤(4)中绘制的矩形，在【变换】泊坞窗中，设置对象原点为【中上】，单击【垂直镜像】按钮，设置【副本】数值为 1，然后单击【应用】按钮，如图 5-95 所示。

(8) 在属性栏中设置对象原点为【中下】，对象大小的【宽度】数值为 90mm，【高度】数值为 8mm，如图 5-96 所示。

图 5-95　变换复制图形　　　　　　　图 5-96　编辑图形(1)

(9) 选中步骤(4)中绘制的矩形，在属性栏中取消选中【同时编辑所有角】按钮，设置左下和右下的【转角半径】数值为 2mm，如图 5-97 所示。

(10) 按 Ctrl+Q 组合键将对象转换为曲线，并使用【形状】工具调整节点位置，如图 5-98 所示。

图 5-97　编辑图形(2)　　　　　　　图 5-98　编辑图形(3)

(11) 选中步骤(5)中绘制的矩形，在属性栏中设置左下和右下的【转角半径】数值为 10mm，如图 5-99 所示。

(12) 选中步骤(4)中绘制的矩形，在调色板中设置填充色为白色，轮廓色为无，如图 5-100 所示。

　　图 5-99　编辑图形(4)

　　图 5-100　填充图形

(13) 选择【网格填充】工具在形状上单击，添加节点。并在调色板中，设置节点颜色，如图 5-101 所示。

(14) 使用与步骤(13)相同的操作方法，添加节点并调整颜色，如图 5-102 所示。

　　图 5-101　网格填充图形(1)

　　图 5-102　网格填充图形(2)

(15) 选中步骤(5)中绘制的矩形，将轮廓色设置为无，按 F11 键打开【编辑填充】对话框。在对话框中，设置渐变填充色为 C:75 M:45 Y:8 K:0 至 C:76 M:42 Y:0 K:0 至 C:44 M:13 Y:9 K:0 至 C:36 M:0 Y:11 K:0 至 C:56 M:15 Y:0 K:0 至 C:94 M:65 Y:16 K:0 至 C:70 M:40 Y:7 K:0，设置【填充宽度】数值为 99%，Y 数值为 55%，然后单击【确定】按钮，如图 5-103 所示。

　　图 5-103　填充图形

(16) 选中步骤(8)中绘制的矩形，将轮廓色设置为无，按 F11 键打开【编辑填充】对话框。在对话框中，设置渐变填充色为 C:0 M:0 Y:0 K:25 至 C:0 M:0 Y:0 K:0 至 C:0 M:0 Y:0 K:30，【旋

计算机 基础与实训教材系列

转】数值为 90°，然后单击【确定】按钮，如图 5-104 所示。

图 5-104　填充图形

（17）选择【矩形】工具绘制矩形，并在属性栏中设置【宽度】数值为 0.8mm，【高度】数值为 6mm。然后将轮廓色设置为无，按 F11 键打开【编辑填充】对话框。在对话框中，单击【椭圆形渐变填充】按钮，设置渐变填充色为 C:0 M:0 Y:0 K:25 至 C:0 M:0 Y:0 K:0，然后单击【确定】按钮，如图 5-105 所示。

（18）在【变换】泊坞窗中，单击【位置】按钮，设置 X 数值为 1.4mm，Y 数值为 0mm，【副本】数值为 62，然后单击【应用】按钮，如图 5-106 所示。

图 5-105　绘制并填充图形　　　　　　　图 5-106　变换图形

（19）选中上一步创建的对象，按 Ctrl+G 组合键。选中步骤(4)中创建的图形，选择【形状】工具进一步调整形状，如图 5-107 所示。

（20）选中步骤(15)中创建的图形，选择【效果】|【封套】命令，打开【封套】泊坞窗。在泊坞窗中，单击【添加新封套】按钮，并调整形状，如图 5-108 所示。

图 5-107　编辑图形　　　　　　　　　图 5-108　创建封套

(21) 选择【椭圆形】工具，在绘图页面中拖动绘制椭圆形。在调色板中，设置轮廓色为无。按 F11 键打开【编辑填充】对话框，设置渐变填充为 C:68 M:35 Y:2 K:0 至 C:100 M:99 Y:53 K:8，【旋转】数值为-45°，然后单击【确定】按钮，如图 5-109 所示。

(22) 按 Shift+PageDown 组合键将刚绘制的椭圆形放至图层后面，如图 5-110 所示。

图 5-109　绘制并填充图形　　　　图 5-110　调整图形堆叠顺序

(23) 按 Ctrl+C 组合键复制步骤(21)中绘制的椭圆形，按 Ctrl+V 组合键粘贴，并按 Shift+PageDown 组合键将刚绘制的椭圆形放至图层后面。按键盘上的↓方向键向下移动复制的图形，然后调整复制的图形的形状，如图 5-111 所示。

(24) 选中步骤(20)中创建的对象，在【变换】泊坞窗中单击【大小】按钮，设置 X 数值为 66mm，【副本】数值为 1，然后单击【应用】按钮，如图 5-112 所示。

图 5-111　复制移动图形　　　　　图 5-112　变换图形

(25) 选择【效果】|【透镜】命令，打开【透镜】泊坞窗。选择【透明度】透镜选项，设置【颜色】为白色，然后设置【比率】数值为 85%，如图 5-113 所示。

(26) 使用【选择】工具，选中步骤(4)至步骤(25)中创建的图形对象，按 Ctrl+G 组合键进行组合，如图 5-114 所示。

(27) 在标准工具栏中，单击【导入】按钮，打开【导入】对话框。在对话框中，选择所需要的图像文件，然后单击【导入】按钮，如图 5-115 所示。

(28) 在绘图页面中单击，导入图像。在属性栏中，选中【锁定比率】按钮，设置对象大小的【高度】数值为 75mm，如图 5-116 所示。

图 5-113　应用透镜效果

图 5-114　组合对象

图 5-115　导入图像

图 5-116　调整导入图像

(29) 使用【选择】工具选中步骤(26)中组合的对象和导入的图像，在【对齐与分布】泊坞窗的【对齐对象到】选项区中单击【活动对象】按钮，再单击【对齐】选项区中的【水平居中对齐】按钮，如图 5-117 所示。

(30) 选择【文本】工具在绘图页面中单击并输入文字内容。然后按 Ctrl+A 组合键全选文字内容，在属性栏中单击【文本对齐】按钮，从弹出的下拉列表中选择【居中】选项，在【对象属性】泊坞窗中设置字体为【方正粗倩简体】，字体大小为 24pt，字体颜色为 C:70 M:42 Y:0 K:0，如图 5-118 所示。

图 5-117　对齐对象

图 5-118　输入文字

(31) 选中第二排文字，在【对象属性】泊坞窗中，设置字体大小为 14pt，如图 5-119 所示。

(32) 在【对象属性】泊坞窗中，单击【段落】按钮，设置【行间距】数值为 150%，如图 5-120 所示。

图 5-119　编辑文本(1)　　　　　　　　　　图 5-120　编辑文本(2)

(33) 选择【文本】工具在绘图页面中单击并输入文字内容。然后按 Ctrl+A 组合键全选文字内容，在属性栏中单击【文本对齐】按钮，从弹出的下拉列表中选择【居中】选项，在【对象属性】泊坞窗中单击【字符】按钮，设置字体为 Adobe Gothic Sth B，字体大小为 36pt，字体颜色为白色，如图 5-121 所示。

(34) 选择【阴影】工具，在属性栏中单击【预览】下拉按钮，从弹出的菜单中选择【小型辉光】，设置【阴影羽化】数值为 5，【阴影的不透明度】数值为 85，如图 5-122 所示。

图 5-121　输入文字　　　　　　　　　　　图 5-122　添加阴影

(35) 选择【文本】工具在绘图页面中拖动创建文本框，并输入文字内容。然后按 Ctrl+A 组合键全选文字内容，在【对象属性】泊坞窗中单击【字符】按钮，设置字体为【方正黑体简体】，字体大小为 14pt，字体颜色为白色，如图 5-123 所示。

(36) 在【对象属性】泊坞窗中，单击【段落】按钮，设置【段前间距】数值为 110%，并选中【项目符号】复选框，如图 5-124 所示。

(37) 单击【项目符号设置】按钮，打开【项目符号】对话框。在对话框中，设置【大小】数值为 14pt，【基线位移】数值为-1pt，【到文本的项目符号】数值为 1mm，然后单击【确定】按钮，如图 5-125 所示。

(38) 选择【文本】工具在绘图页面中单击并输入文字内容。然后按 Ctrl+A 组合键全选文字内容，在属性栏中单击【文本对齐】按钮，从弹出的下拉列表中选择【居中】选项，在【对象属性】泊坞窗中设置字体为【黑体】，字体大小为 10pt，字体颜色为 C:70 M:42 Y:0 K:0，如图 5-126 所示。

图 5-123　输入文本

图 5-124　编辑文本

图 5-125　设置项目符号

图 5-126　输入文本

(39) 调整文本和水滴图形位置，按 Ctrl+A 组合键选中所有对象，在【对齐与分布】泊坞窗中单击【水平居中对齐】按钮，如图 5-127 所示。

(40) 选择【文本】工具在绘图页面中单击并输入文字内容。然后按 Ctrl+A 组合键全选文字内容，在【对象属性】泊坞窗中单击【字符】按钮，设置字体为【方正黑体简体】，字体大小为 24pt，字体颜色为 C:0 M:53 Y:38 K:0，单击【下划线】按钮，从弹出的下拉列表中选择【字下加单细线】选项，如图 5-128 所示。

图 5-127　对齐对象

图 5-128　输入文本

(41) 使用【选择】工具单击文字，然后变换文字效果，如图 5-129 所示。

(42) 使用【选择】工具选中步骤(30)至步骤(41)中创建的对象，按 Ctrl+G 组合键组合对象，如图 5-130 所示。

图 5-129　变换文字效果

图 5-130　组合对象

(43) 按 Ctrl+A 组合键全选对象，按 Ctrl+G 组合键组合对象，并调整其在绘图页面中的位置，如图 5-131 所示。

(44) 在标准工具栏中，单击【导入】按钮，打开【导入】对话框。在对话框中，选择所需要的图像文件，然后单击【导入】按钮，如图 5-132 所示。

图 5-131　调整对象

图 5-132　导入图像

(45) 在绘图页面中单击，导入图像，并调整导入图像的大小及位置，如图 5-133 所示。

(46) 双击【矩形】工具，创建与页面同等大小的矩形，如图 5-134 所示。

图 5-133　调整图像

图 5-134　绘制图形

(47) 选中导入图像，选择【对象】| PowerClip |【置于图文框内部】命令，然后单击绘制的矩形，并将其轮廓色设置为无，如图 5-135 所示。

(48) 在标准工具栏中，单击【保存】按钮，打开【保存绘图】对话框。在对话框中，单击【保存】按钮，如图 5-136 所示。

图 5-135　图框精确裁剪图像

图 5-136　保存绘图

5.10　习题

1. 在绘图文档中，使用渐变填充，制作如图 5-137 所示的图像效果。
2. 在绘图文档中，使用图样填充，制作如图 5-138 所示的图像效果。

图 5-137　填充效果(1)

图 5-138　填充效果(2)

第6章

文本的输入与处理

学习目标

CorelDRAW X8 中提供了创建文本、设置文本格式及设置段落文本等多种功能，使用户可以根据设置需要方便地创建各种类型的文字和设置文本属性。掌握这些文本对象的操作方法，有利于用户更好地在版面设计中合理应用文本对象。

本章重点

- ◉ 添加文本
- ◉ 选择文本对象
- ◉ 设置文本格式
- ◉ 文本的链接
- ◉ 图文混排

6.1 添加文本

在 CorelDRAW X8 中使用的文本类型，包括美术字文本和段落文本，如图 6-1 所示。美术字文本用于添加少量文字，可将其当作单独的图形对象来处理。段落文本用于添加大篇幅的文本，可对其进行多样的文本编排。美术字文本是一种特殊的图形对象，用户既可以进行图形对象方面的处理操作，也可以进行文本对象方面的处理操作；而段落文本只能进行文本对象的处理操作。

图 6-1　美术字文本和段落文本

在进行文字处理时，可直接使用【文本】工具输入文字，也可从其他应用程序中载入文字，用户可根据具体的情况选择不同的文字输入方式。

⑥.1.1　添加美术字文本

要输入美术字文本，只要选择工具箱中的【文本】工具，在绘图页面中的任意位置单击鼠标左键，出现输入文字的光标后，便可直接输入文字。需要注意的是美术字文本不能够自动换行，如需要换行可以按 Enter 键进行文本换行，如图 6-2 所示。

图 6-2　输入美术字文本

添加美术字文本后，用户可以通过属性栏设置修改文本属性。选取输入的文本后，文本属性栏选项设置如图 6-3 所示。

图 6-3　文本属性栏

文本属性栏中的【字体列表】用于为输入的文字设置字体。【字体大小】下拉列表用于为输入的文字设置字体大小。按下属性栏中对应的字符效果按钮，可以为选择的文字设置粗体、斜体和下划线等效果。

> **知识点**
>
> 使用【文本】工具输入文字后，可直接拖动文本四周的控制点来改变文本大小。如果要通过属性栏精确改变文字的字体和大小，必须先使用【选择】工具选择文本后才能执行。

⑥.1.2　添加段落文本

段落文本与美术字文本有本质区别。如果要创建段落文本必须先使用【文本】工具在页面中拖动创建一个段落文本框，才能进行文本内容的输入，并且所输入的文本会根据文本框自动换行。段落文本框是一个大小固定的矩形，文本中的文字内容受文本框的限制。如果输入的文本超过文本框的大小，那么超出的部分将会被隐藏。用户可以通过调整文本框的大小显示隐藏的文本。

【例 6-1】在绘图文件中，使用【文本】工具输入段落文本。

(1) 选择【文本】工具，在绘图窗口中按下鼠标左键不放，拖动出一个矩形的段落文本框，如图 6-4 所示。

(2) 释放鼠标后，在文本框中将出现输入文字的光标，此时即可在文本框中输入段落文本。默认情况下，无论输入的文字多少，文本框的大小都会保持不变，超出文本框容纳范围的文字都将被自动隐藏。要显示全部文字，可移动光标至下方的控制点，然后按下鼠标并拖动，直到文字全部出现即可，如图 6-5 所示。

图 6-4　创建文本框　　　　　　　　图 6-5　输入文字

(3) 按 Ctrl+A 组合键将文字全选，并在属性栏【字体列表】中选择【华文行楷】，设置【字体大小】为 24pt，如图 6-6 所示。

图 6-6　设置字体大小

> **知识点**
>
> 在选择文本框后，选择【文本】|【段落文本框】|【使文本适合框架】命令，文本框将自动调整文字的大小，使文字在文本框中完全显示出来，如图 6-7 所示。

图 6-7　使文本适合框架

⑥1.3 贴入、导入外部文本

如果需要在 CorelDRAW X8 中添加其他文字处理程序中的文本，如 Word 或写字板等中的文本时，可以使用贴入或导入的方式来完成。

1. 贴入文本

要贴入文本，先要在其他文字处理程序中选取需要的文本，然后按下 Ctrl+C 组合键进行复制。再切换到 CorelDRAW X8 应用程序中，使用【文本】工具在页面中按住鼠标左键并拖动创建一个段落文本框，然后按 Ctrl+V 组合键进行粘贴，弹出如图 6-8 所示的【导入/粘贴文本】对话框。用户可以根据实际需要，选择其中的【保持字体和格式】、【仅保持格式】或【摒弃字体和格式】单选按钮，然后单击【确定】按钮即可。

图 6-8 【导入/粘贴文本】对话框

知识点

将【记事本】中的文字复制并粘贴到 CorelDRAW X8 文件中时，系统会直接对文字进行粘贴，而不会弹出【导入/粘贴文本】对话框。

- ◉ 【保持字体和格式】：保持字体和格式可以确保导入和粘贴的文本保留原来的字体类型，并保留项目符号、栏、粗体与斜体等格式信息。
- ◉ 【仅保持格式】：只保留项目符号、栏、粗体与斜体等格式信息。
- ◉ 【摒弃字体和格式】：导入或粘贴的文本将采用选定文本对象的属性，如果为选定对象，则采用默认的字体与格式属性。
- ◉ 【将表格导入为】：在其下拉列表中可以选择导入表格的方式，包括【表格】和【文本】选项。选择【文本】选项后，下方的【使用以下分割符】选项将被激活，在其中可以选择使用的分隔符的类型。
- ◉ 【不再显示该警告】：选取该复选框后，执行粘贴命令时将不会出现该对话框，应用程序将按默认设置对文本进行粘贴。

2. 导入文本

要导入文本，可以选择【文件】|【导入】命令，在弹出的【导入】对话框中选择需要导入的文本文件，然后单击【导入】按钮。在弹出的【导入/粘贴文本】对话框中进行设置后，单击【确定】按钮。当光标变为标尺状态后，在绘图页面中单击，即可将该文件中的所有文字内容以段落文本的形式导入当前页面中。

【例 6-2】在绘图文档中，导入文本。

(1) 选择【文件】|【导入】命令，打开【导入】对话框，在打开的【导入】对话框中选择需要导入的文本文件，然后单击【导入】按钮，如图 6-9 所示。

(2) 在打开的【导入/粘贴文本】对话框中，选中【保持字体和格式】单选按钮，然后单击【确定】按钮，如图 6-10 所示。

图 6-9　导入文本

图 6-10　设置【导入/粘贴文本】对话框

(3) 当光标变为标尺状态时，在绘图窗口中单击，即可将该文件中所有的文字内容以段落文本的形式导入当前绘图窗口中，如图 6-11 所示。

图 6-11　导入文本

6 1.4　沿路径输入文本

在 CorelDRAW X8 中，将文本对象沿路径进行编排是文本对象一种特殊的编排方式。默认状态下，所输入的文本都是沿水平方向排列的，虽然可以使用【形状】工具将文本对象进行旋转或偏移操作，但这种方法只能用于简单的文本对象编辑，而且操作比较烦琐。使用 CorelDRAW X8 中的沿路径编排文本的功能，可以将文本对象嵌入到不同类型的路径中，使其具有更多样化的外观，并且用户通过相关的编辑操作还可以更加精确地调整文本对象与路径的嵌合。

1. 创建路径文本

在 CorelDRAW X8 中，用户如果想沿图形对象的轮廓线放置文本对象，其最简单的方法就是直接在轮廓线路径上输入文本，文本对象将会自动沿路径进行排列。

如果要将已输入的文本沿路径排列，可以选择菜单栏中的【文本】|【使文本适合路径】命令进行操作。如果结合工具属性栏，还可以更加精确地设置文本对象在指定路径上的位置、放置方式以及文本对象与路径的距离等参数属性，如图 6-12 所示。

图 6-12　工具属性栏

- 【文本方向】选项：用于设置文本对象在路径上排列的文字方向。
- 【与路径的距离】选项：用于设置文本对象与路径之间的间隔距离。
- 【偏移】选项：用于设置文本对象在路径上的水平偏移尺寸。
- 【镜像文本】选项：单击该选项中的【水平镜像文本】按钮或【垂直镜像文本】按钮，可以设置镜像文本后的位置。

【例 6-3】使文字沿路径排列。

(1) 打开绘图文档，选择【文本】工具，将鼠标光标移动到路径边缘，当光标变为形状时，单击绘制的曲线路径，出现输入文本的光标后，输入文字内容，如图 6-13 所示。

(2) 使用【文本】工具选中输入的文字，在属性栏的【文本方向】下拉列表中选择一种样式，设置【与路径的距离】数值为 8.5mm，【偏移】数值为-20mm，在【字体列表】中选择 Forte，设置【字体大小】数值为 36pt，并在调色板中单击 C:0 M:60 Y:80 K:0 色板填充字体，如图 6-14 所示。

图 6-13　沿路径输入文字　　　　图 6-14　设置文字

知识点

选择文本后，在属性栏中单击【贴齐标记】按钮，在打开的面板中选中【打开贴齐记号】单选按钮，然后在【记号间距】文本框中输入一个值，如图 6-15 所示。当在路径上移动文本时，文本将按照用户在【记号间距】数值框中指定的增量进行移动。移动文本时，文本与路径间的距离显示在原始文本的下方。

图 6-15　设置【贴齐标记】选项

2. 在图形内输入文本

在 CorelDRAW X8 中除了可以沿路径输入文本外，还可以在图形对象内输入文本。使用该功能可以创建更加多变、活泼的文本框样式。

【例 6-4】在打开的绘图文件的图形内输入文本。

(1) 在 CorelDRAW X8 应用程序中，选择打开一幅绘图文件，并使用【选择】工具选中作为文本框的图形对象，如图 6-16 所示。

(2) 选择【文本】工具，将光标移动到对象的轮廓线内，当光标变为形状时单击鼠标左键，此时在图形内将出现段落文本框。在属性栏【字体列表】中选择 Freestyle Script，设置【字体大小】数值为 36pt，然后在文本框中输入所需的文字内容，如图 6-17 所示。

图 6-16　打开图形文件　　　　　　　图 6-17　在轮廓线内输入文本

3. 拆分沿路径文本

将文本对象沿路径排列后，CorelDRAW X8 会将文本对象和路径作为一个对象。如果需要分别对文本对象和路径进行处理，那么可以将文本对象从图形对象中分离出来。分离后的文本对象会保持它在路径上的形状。

用户想将文本对象与路径分离，只需使用【选择】工具选择沿路径排列的文本对象，然后选择菜单栏中的【对象】|【拆分在一条路径上的文本】命令即可。拆分后，文本对象和图形对象将变为两个独立的对象，可以分别对它们进行编辑处理，如图 6-18 所示。

图 6-18　拆分沿路径文本

⑥.2　选择文本对象

在 CorelDRAW X8 中对文本对象和图形对象进行编辑处理之前，首先要选中文本才能进行相应的操作。用户如果要选择绘图页中的文本对象，可以使用工具箱中的【选择】工具，也可以使用【文本】工具和【形状】工具。

用户使用【选择】或【文本】工具选择对象时，在文本框或美术字文本周围将会显示 8 个控制柄，使用这些控制柄，可以调整文本框或美术字文本的大小；用户还可以通过文本对象中心显示的 ✖ 标记，调整文本对象的位置。上述两种方法可以对全部文本对象进行选择调整，但是如果想要对文本中某个文字进行调整，则可以使用【形状】工具。

- 使用【选择】工具：这是选择全部文本对象操作方法中比较简单的一种。只需选择工具箱中的【选择】工具，然后在文本对象的任意位置单击，即可将全部文本对象选中。
- 使用【文本】工具：选择工具箱中的【文本】工具后，将光标移至文本对象的位置上单击，并按 Ctrl+A 组合键全选文本。或在文本对象上单击并拖动鼠标，选中需要编辑的文字内容，如图 6-19 所示。

ABCDEF ⟶ **ABCDEF**

图 6-19　使用【文本】工具选择文本

- 使用【形状】工具：在文本对象上单击，这时会显示文本对象的节点，再在文本对象外单击并拖动，框选文本对象，即可将文本全部选中。用户也可以单击某一文字的节点，将该文字选中，所选中的文字的节点将变为黑色。如要选择多个文字，可以按住 Shift 键同时使用【形状】工具进行选择，如图 6-20 所示。

选择文字对象 ⟶ 选择文字对象

图 6-20　使用【形状】工具选择文本

知识点

选择【编辑】|【全选】|【文本】命令，可以选中当前绘图窗口中所有的文本对象。使用【选择】工具在文本上单击，可以快速地切换到【文本】工具。

6.3　设置文本格式

CorelDRAW X8 的文本格式化功能可以实现各种基本的格式化内容。其中有不论是美术字文本还是段落文本都可以使用的基本格式化方法，如改变字体、字号，增加字符效果等一些基本格式化；另外，还有一些段落文本所特有的格式化方法。

6.3.1　【文本属性】泊坞窗

选择【文本】|【文本属性】命令，或按 Ctrl+T 组合键，或在属性栏中单击【文本属性】按钮 ⿴，即可打开【文本属性】泊坞窗。在 CorelDRAW X8 中，将字符、段落、图文框的设置选

项全部集成在【文本属性】泊坞窗中，通过展开需要的选项组即可为所选的文本或段落进行对应的编辑设置。

- ◉ 【字符】选项组中的选项，主要用于文本中字符的格式设置，如设置字体、字符样式、字体大小及字距等效果，如图 6-21 所示。如果输入的是英文，还可以更改其大小写。
- ◉ 【段落】选项组中的选项主要用于文本段落的格式设置，如文本对齐方式、首行缩进、段落缩进、行距、字符间距等效果，如图 6-22 所示。
- ◉ 【图文框】选项组中的选项主要用于文本框内容格式的设置，如文本框中文本的背景样式、文本方向、分栏等效果，如图 6-23 所示。

图 6-21　【字符】选项组　　　图 6-22　【段落】选项组　　　图 6-23　【图文框】选项组

6.3.2 设置字体、字号

字体、字号和颜色是文本格式中最重要和最基本的内容，它直接决定着用户输入的文本大小和显示状态，影响着文本视觉效果。在 CorelDRAW X8 中，段落文本和美术字文本的字体和字号的设置方法基本相同，用户可以先在【文本】工具属性栏或【文本属性】泊坞窗中设置字体、字号，然后再进行文本输入；也可以先输入文本，然后在【文本属性】泊坞窗中根据绘图的需要进行格式化。

【例 6-5】在绘图文档中输入文字，并调整文字效果。

(1) 打开绘图文档，选择【文本】工具在页面中单击，输入文字内容，如图 6-24 所示。

(2) 使用【文本】工具选中输入的文本对象，在工具属性栏的【字体列表】中选择 Berlin Sans FB，设置【字体大小】数值为 50pt，如图 6-25 所示。

(3) 单击属性栏中的【文本属性】按钮，打开【文本属性】泊坞窗，单击【填充类型】下拉列表选择【渐变填充】选项，并单击右侧的【填充设置】按钮 ⋯，打开【编辑填充】对话框。在对话框中设置渐变色为红色到橘色渐变，【旋转】数值为 30°，然后单击【确定】按钮，如图 6-26 所示。

图 6-24　输入文字

图 6-25　设置字体

(4) 在【字符】选项组中，设置【字距调整范围】数值为-20%，【字符水平偏移】数值为-50%，【字符角度】数值为-5°，如图 6-27 所示。

图 6-26　渐变填充　　　　　　　　　　　　　　　图 6-27　设置字体格式

⑥3.3　更改文本颜色

在 CorelDRAW X8 中可以快速更改文本的填充色、轮廓颜色和背景色，也可以更改单个字符、文本块或文本对象中的所有字符的颜色。

【例 6-6】在绘图文档中，调整文字颜色。

(1) 打开绘图文档，选择【文本】工具在页面中单击，在属性栏【字体列表】中选择 Impact，设置【字体大小】数值为 86pt，单击【文本对齐】按钮，从弹出的下拉列表中选择【强制调整】选项，然后输入文字内容，如图 6-28 所示。

(2) 使用【选择】工具选中文字，在【文本属性】泊坞窗【字符】选项组的【填充类型】下拉列表中选择【渐变填充】选项，单击【填充设置】按钮，打开【编辑填充】对话框。在对话框中，设置渐变色为 R:51 G:44 B:43 至 R:56 G:139 B:203，设置【旋转】数值为 30°，然后单击【确定】按钮应用填充，如图 6-29 所示。

(3) 使用【选择】工具选中第二行文字，在【文本属性】泊坞窗的【字符】选项组中，单击【背景填充类型】下拉列表，选择【渐变填充】选项，单击【填充设置】按钮，打开【编辑填充】对话框。在对话框中，设置渐变色为 R:138 G:171 B:209 至 R:181 G:221 B:235，设置【填充宽度】数值为 150%，【旋转】数值为 30°，然后单击【确定】按钮应用填充，如图 6-30 所示。

图 6-28　添加文本

图 6-29　设置文字颜色(1)

图 6-30　设置文字颜色(2)

6.3.4　偏移、旋转字符

用户可以使用【形状】工具移动或旋转字符。选择一个或多个字符节点，然后在属性栏上的【字符水平偏移】数值框、【字符垂直偏移】数值框或【字符角度】数值框中输入数值即可偏移和旋转文字，如图 6-31 所示。

图 6-31　偏移、旋转字符

也可以使用【文本属性】泊坞窗调整文本对象的偏移和旋转。单击【文本属性】泊坞窗中的 按钮，可以展开更多选项，然后在显示的【字符水平偏移】、【字符垂直偏移】或【字符角度】数值框中输入数值即可偏移和旋转文字，如图 6-32 所示。

图 6-32　使用【文本属性】泊坞窗

计算机基础与实训教材系列

⑥3.5 设置字符效果

在编辑文本过程中，有时需要根据文字内容，为文字添加相应的字符效果，以达到区分、突出文字内容的目的。设置字符效果可以通过【文本属性】泊坞窗来完成。

1. 添加划线

在处理文本时，为了强调一些文本的重要性或编排某些特殊的文本格式，常在文本中添加一些划线，如上划线、下划线和删除线。

选择【文本】|【文本属性】命令或单击属性栏中的【文本属性】按钮，打开【文本属性】泊坞窗，展开其中的【字符】选项。

- ⦿ 下划线：用于为文本添加下划线效果。该选项的下拉列表中向用户提供了 6 种预设的下划线样式。单击【下划线】按钮 U，在弹出的下拉列表中可以选择预设效果，如图 6-33 所示。

图 6-33 下划线

- ⦿ 删除线：用于为文本添加删除线效果。该选项的下拉列表选项与添加删除线效果如图 6-34 所示。
- ⦿ 上划线：用于为文本添加上划线效果，该选项的下拉列表选项与添加上划线效果如图 6-35 所示。

图 6-34 删除线   图 6-35 上划线

2. 设置上标和下标

在输入一些数学或其他自然科学方面的文本时，常要对文本中的某一字符使用上标或下标。在 CorelDRAW X8 中，用户可以方便地将文本改为上标或下标。

要将字符更改为上标或下标，先要使用【文本】工具选中文本对象中的字符，然后在【文本属性】泊坞窗中，单击【位置】按钮 $\boxed{X^2}$。在弹出的下拉列表中，选择【下标】选项可以将选定的字符更改为其他字符的下标；选择【上标】选项可以将选定的字符更改为其他字符的上标，如图 6-36 所示。

图 6-36　上标和下标

要取消上标或下标设置，先使用【文本】工具选定上标或下标字符，然后在【文本属性】泊坞窗的【位置】下拉列表中选择【无】选项。

> **知识点**
>
> 如果选择支持下标和上标的 OpenType 字体，则可以应用相应的 OpenType 功能。但是，如果选择不支持上标和下标的字体(包括 OpenType 字体)，则可以应用字符的合成版，这是 CorelDRAW X8 通过改变默认字体字符的特性生成的。

3. 更改字母大小写

在 CorelDRAW X8 中，对于输入的英文文本，可以根据需要选择句首字母大写、全部小写或全部大写等形式。通过 CorelDRAW X8 提供的更改大小写功能，还可以进行大小写字母间的转换。所有这些功能仅对英文文本适用，中文文本不存在大小写的问题。要实现大小写的更改，可以通过【更改大小写】命令或【文本属性】泊坞窗来实现。

在选择文本对象后，选择【文本】|【更改大小写】命令，打开【更改大小写】对话框。在该对话框中，选择其中的 5 个单选按钮之一，然后单击【确定】按钮可以更改文本对象大小写，如图 6-37 所示。

图 6-37　更改文本对象大小写

- ◉ 【句首字母大写】：选中该单选按钮将使选定文本中每个句子的第一个字母大写。
- ◉ 【小写】：选中该单选按钮将把选定文本中的所有英文字母转换为小写。

- ◉ 【大写】：选中该单选按钮将把选定文本中的所有英文字母转换为大写。
- ◉ 【首字母大写】：选中该单选按钮将使选定文本中的每一个单词的首字母大写。
- ◉ 【大小写转换】：选中该单选按钮可以实现大小写的转换，即将所有大写字母改为小写字母，将所有的小写字母改为大写字母。

用户也可以在【文本属性】泊坞窗中，单击【大写字母】按钮 ，在弹出的下拉列表中更改文本大写，如图 6-38 所示。

图 6-38　设置大写字母

⑥ 3.6　设置文本对齐方式

在 CorelDRAW X8 中，用户可以对创建的文本对象进行多种对齐方式的编排，以满足不同版面编排的需要。段落文本的对齐方式是基于段落文本框的边框进行的，而美术字文本的对齐方式是基于输入文本时的插入点位置进行对齐的。

要实现段落文本与美术字文本的对齐，可以通过使用【文本】工具属性栏、【文本属性】泊坞窗来进行。用户可以根据自己的需要和习惯，选择合适的方法进行编排操作。

要使用【文本】工具属性栏对齐段落文本，可以先使用【文本】工具选择所需对齐的文本对象，然后单击属性栏中的【文本对齐】按钮 ，或单击【文本属性】泊坞窗中【段落】选项组中的文本对齐按钮即可，如图 6-39 所示。

图 6-39　文本对齐

- ◉ 【无水平对齐】 ：单击该按钮，所选择的文本对象将不应用任何对齐方式。
- ◉ 【左对齐】 ：如果所选择的文本对象是段落文本，单击该按钮，将会以文本框左边界对齐文本对象；如果所选择的文本对象是美术字文本，将会相对插入点左对齐文本对象，如图 6-40 所示。

- 【居中对齐】：如果所选择的文本对象是段落文本，单击该按钮，将会以文本框中心点对齐文本对象；如果所选择的文本对象是美术字文本，将会相对插入点中心对齐文本对象，如图 6-41 所示。

图 6-40　左对齐　　　　　　　　　　　图 6-41　居中对齐

- 【右对齐】：如果所选择的文本对象是段落文本，单击该按钮，将会以文本框右边界对齐文本对象；如果所选择的文本对象是美术字文本，将会相对插入点右对齐文本对象，如图 6-42 所示。

- 【两端对齐】：如果所选择的文本对象是段落文本，单击该按钮，将会以文本框两端边界分散对齐文本对象，但不分散对齐末行文本对象；如果所选择的文本对象是美术字文本，将会以文本对象最长行的宽度分散对齐文本对象。

- 【强制两端对齐】：如果所选择的文本是段落文本，单击该按钮，将会以文本框两端边界分散对齐文本对象，并且末行文本对象也进行强制分散对齐；如果所选择的文本对象是美术字文本，将会相对插入点两端对齐文本对象，如图 6-43 所示。

图 6-42　右对齐　　　　　　　　　　　图 6-43　强制两端对齐

⑥3.7　设置文本缩进

文本的段落缩进可以改变段落文本框与框内文本的距离。首行缩进可以调整段落文本的首行与其他文本行之间的空格字符数；左、右缩进可以调整除首行外的文本与段落文本框之间的距离。

【例 6-7】在绘图文件中，设置段落文本的缩进。

(1) 选择段落文本后，单击属性栏中的【文本属性】按钮，打开【文本属性】泊坞窗，并在泊坞窗中展开【段落】选项组。在【首行缩进】数值框中输入 18mm，然后按下 Enter 键设置段落文本首行缩进，如图 6-44 所示。

(2) 分别在【左行缩进】和【右行缩进】数值框中输入适当的数值 8mm，然后按下 Enter 键设置左右缩进，如图 6-45 所示。

图 6-44 设置首行缩进 　　　　　　　　　　　　　　　　图 6-45 设置左右缩进

⑥3.8 设置文本间距

调整文本间距可以使文本易于阅读。在 CorelDRAW X8 中，不论是美术字文本还是段落文本，都可以精确设置字符间距和行距。

1. 使用【形状】工具调整间距

在 CorelDRAW X8 中，可以使用【形状】工具调整文本间距。选中文本后，选择【形状】工具在文本框右边的控制符号 ⁂ 上按住鼠标左键，拖动鼠标光标到适当位置后释放鼠标左键，即可调整文本的字间距，如图 6-46 所示。

图 6-46 调整文本字间距

要调整行间距，可按住鼠标左键拖动文本框下面的控制符号 ⁂，拖动鼠标光标到适当位置后释放鼠标左键，即可调整文本行距，如图 6-47 所示。

图 6-47 调整文本行距

2. 精确调整文本间距

通过调整字符间距和行间距可以提高文本的可读性。使用【形状】工具只能粗略调整文本间距，要对间距进行精确调整，可以通过在【文本属性】泊坞窗中设置精确参数的方式来完成，如图 6-48 所示。

- 【段前间距】选项：用于设置在段落文本之前插入的间距，如图 6-49 所示。
- 【段后间距】选项：用于设置在段落文本之后插入的间距。
- 【行间距】选项：用于设置行之间的间距，如图 6-50 所示。

图 6-48　间距选项

图 6-49　设置段前间距

- 【垂直间距单位】：用于选择行间距的测量单位，如图 6-51 所示。【%字符高度】选项允许用户使用相对于字符高度的百分比值。【点】选项允许使用点为单位。【点大小的%】选项允许用户使用相对于字符点大小的百分比值。

图 6-50　设置行间距

图 6-51　垂直间距单位

- 【字符间距】选项：可以更改文本块中字符之间的间距，如图 6-52 所示。
- 【字间距】选项：可以调整字之间的间距。
- 【语言间距】选项：可以控制文档中多语言文本的间距，如图 6-53 所示。

图 6-52　设置字符间距

图 6-53　设置语言间距

【例 6-8】在绘图文档中，调整段落文本间距。

(1) 打开一个绘图文档，并使用【选择】工具选中文档中的段落文本，如图 6-54 所示。

(2) 选择【形状】工具，在文本框右边的 ⇊ 控制符号上按下鼠标左键，拖动鼠标到适当的位置后释放鼠标，即可调整文本的字间距，如图 6-55 所示。

(3) 按下鼠标左键拖动文本框下面的 ⇊ 控制符号到适当位置，然后释放鼠标，即可调整文本行距，如图 6-56 所示。

(4) 单击属性栏中的【文本属性】按钮，打开【文本属性】泊坞窗，在【段落】选项组中，设置【段前间距】为 150%，【行距】为 100%，【字符间距】为 20%，如图 6-57 所示。

图 6-54　选中文本

图 6-55　调整文本的字间距

图 6-56　调整文本行距

图 6-57　设置文本

6 3.9　设置项目符号

为文本添加项目符号，可以使文本中一些并列的段落风格统一、条理清晰。在 CorelDRAW X8 中，为用户提供了丰富的项目符号样式。选择【文本】|【项目符号】命令，或在【文本属性】泊坞窗的【段落】选项组中选中【项目符号】复选框，并单击【项目符号设置】按钮，打开如图 6-58 所示的【项目符号】对话框进行设置，可以为段落文本的句首添加各种项目符号。

图 6-58　【项目符号】对话框

 提示

用户可以更改项目符号颜色。使用【文本】工具选择项目符号，然后单击调色板中的颜色即可。

- ◉　【字体】选项：设置项目符号字体。
- ◉　【符号】选项：选择项目符号的样式。
- ◉　【大小】选项：设置项目符号的大小。
- ◉　【基线位移】选项：指定项目符号从基线位移的距离。

- 【项目符号的列表使用悬挂缩进】选项：选中该项，即可添加具有悬挂式缩进格式的项目符号。

- 【文本图文框到项目符号】选项：指定项目符号从段落文本框缩进的距离。

- 【到文本的项目符号】选项：指定项目符号和文本之间的距离。

【例 6-9】在绘图文件中，设置段落文本的项目符号。

(1) 在打开的绘图文档中，使用【选择】工具选中需要添加项目符号的段落文本，如图 6-59 所示。

(2) 在【文本属性】泊坞窗中的【段落】选项组中，选中【项目符号】复选框，如图 6-60 所示。

图 6-59　选择段落文本

图 6-60　选中【项目符号】复选框

(3) 单击【项目符号设置】按钮，打开【项目符号】对话框。在对话框中，单击【符号】下拉列表选择系统提供的符号样式；在【大小】数值框中输入适当的符号大小值 10pt，并设置【基线位移】数值为 1pt，【到文本的项目符号】数值为 2.5mm，然后单击【确定】按钮应用设置，如图 6-61 所示。

图 6-61　设置项目符号

课程特色

- 英语课也可以秀色可餐；
- 实用文化tips，帮你了解西方世界；
- 可爱手绘形象，放大你的视觉感知；
- 厨房里学英语，生活学习两不耽误；
- 互动学习方案，提问互助共同进步。
- 课件支持苹果、安卓版移动网校，学习更加随心所欲！

6.3.10　设置首字下沉

要设置首字下沉效果，可以在【文本】工具属性栏中单击【首字下沉】按钮，或选择【文本】|【首字下沉】命令，或在【文本属性】泊坞窗的【段落】选项组中选中【首字下沉】复选框，并单击【首字下沉设置】按钮，打开如图 6-62 所示的【首字下沉】对话框，在对话框中，选中【使用首字下沉】复选框。

- 【下沉行数】选项：可以指定字符下沉的行数。
- 【首字下沉后的空格】选项：可以指定下沉字符与正文间的距离。
- 【首字下沉使用悬挂式缩进】复选框：可以使首字符悬挂在正文左侧。

图 6-62 【首字下沉】对话框

提示

要取消段落文本的首字下沉效果，可在选择段落文本后，单击属性栏中的【首字下沉】按钮，或取消选中【首字下沉】对话框中的【使用首字下沉】复选框。

【例 6-10】在绘图文件中，设置首字下沉效果。

(1) 选择段落文本后，选择【文本】|【首字下沉】命令，打开【首字下沉】对话框，在对话框中选中【使用首字下沉】复选框，如图 6-63 所示。

图 6-63 使用首字下沉

(2) 在【下沉行数】数值框中输入数值 3，选中【首字下沉使用悬挂式缩进】复选框，然后单击【确定】按钮，如图 6-64 所示。

图 6-64 首字下沉使用悬挂式缩进

⑥3.11 设置分栏

对文本对象进行分栏操作是一种非常实用的编排方式。CorelDRAW X8 中提供的分栏格式可分为等宽和不等宽两种。用户可以为选择的段落文本对象添加一定数量栏，还可以为分栏设

置栏间距。用户在添加、编辑或删除栏时，可以为保持段落文本框的长度而重新调整栏的宽度，也可以为保持栏的宽度而调整文本框的长度。在选中段落文本对象后，选择【文本】|【栏】命令，打开如图 6-65 所示的【栏设置】对话框，在其中可以为段落文本分栏。

图 6-65　【栏设置】对话框

 提示

在【栏设置】对话框中，如果选中【保持当前图文框宽度】单选按钮，可以在增加或删除分栏的情况下，仍保持文本框的宽度不变；如果选中【自动调整图文框宽度】单选按钮，那么当增加或删除分栏时，文本框会自动调整而栏的宽度将保持不变。

【例 6-11】在绘图文件中，设置分栏效果。

(1) 在打开的绘图文件中，选择【选择】工具选中段落文本对象，如图 6-66 所示。

(2) 在【文本属性】泊坞窗中展开【图文框】选项区，设置【栏数】为 2，如图 6-67 所示，

图 6-66　选择文本

图 6-67　设置分栏

(3) 单击 按钮，打开【栏设置】对话框。在对话框中，设置栏间宽度为 8mm，然后单击【确定】按钮应用，如图 6-68 所示。

图 6-68　应用分栏

知识点

　　对于已经添加了等宽栏的文本，还可以进一步改变栏的宽度和栏间距。使用【文本】工具选择所需操作的文本对象，这时文本对象将会显示分栏线，将光标移至文本对象中间的分栏线上时，光标将变为双向箭头，按住鼠标左键并拖动分界线，可调整栏宽和栏间距。

⑥.4　文本的链接

　　在 CorelDRAW X8 中，可以通过链接文本的方式，将一个段落文本分离成多个文本框链接，文本框链接可移动到同一个页面的不同位置，也可以在不同页面中进行链接，它们之间始终是相互关联的。

⑥.4.1　链接多个文本框

　　如果所创建的绘图文件中有多个段落文本，那么可以将它们链接在一起，并显示文本内容的链接方向。链接后的文本框中的文本内容将相互关联，如果前一文本框中的文本内容超出所在文本框的大小，那么所超出的文本内容将会自动出现在后一文本框中，以此类推。

　　链接的多个文本框中的文本对象属性是相同的，如果改变其中一个文本框中文本的字体或文字大小，其他文本框中的文本也会发生相应的变化。

　　【例6-12】在绘图文件中，链接多个文本框。

　　(1) 选择工具箱中的【文本】工具，在绘图窗口中的适当位置创建多个文本框。在第一个段落文本框中贴入文本，如图 6-69 所示。

图 6-69　输入文本

　　(2) 移动光标至文本框下方的▽控制点上，光标变为双向箭头形状。单击鼠标左键，光标变为▤形状后，将光标移动到另一文本框中，光标变为黑色箭头后单击，即可将未显示的文本显示在文本框中，并可以将两个文本框进行链接，如图 6-70 所示。

图 6-70　创建链接文本框

提示

　　使用【选择】工具选择文本对象，移动光标至文本框下方的▽控制点上，光标变为双向箭头形状；单击鼠标左键，光标变为 形状后，在页面上的其他位置按下鼠标左键拖出一个段落文本框；此时未显示的文本部分将自动转移到新创建的链接文本框中，如图 6-71 所示。

图 6-71　链接文本框

6.4.2　链接段落文本框与图形对象

　　文本对象的链接不仅仅限于段落文本框，也可以应用于段落文本框与图形对象之间。当段落文本框中的文本内容与未闭合路径的图形对象链接时，文本对象将会沿路径进行链接；当段落文本框中的文本内容与闭合路径的图形对象链接时，会将图形对象当作文本框进行文本对象的链接。

　　【例 6-13】在绘图文件中，链接段落文本框与图形对象。

　　(1) 在打开的绘图文件中，使用【选择】工具选择段落文本，如图 6-72 所示。

　　(2) 移动光标至文本框下方的控制点上，光标变为双向箭头形状。单击鼠标左键，光标变为 形状后，将光标移动到图形对象中，光标变为黑色箭头后单击链接文本框和图形对象，如图 6-73 所示。

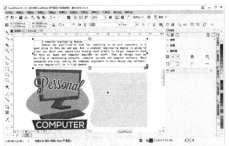

图 6-72　选择段落文本　　　　　　　图 6-73　链接段落文本框与图形对象

(3) 使用【选择】工具调整文本框大小，即可改变链接效果，如图 6-74 所示。

图 6-74　调整链接

6.4.3　解除对象之间的链接

要解除文本链接，可以在选取链接的文本对象后，按 Delete 键删除。删除链接后，剩下的文本框仍保持原来的状态。另外，在选取所有的链接对象后，可以选择【文本】|【段落文本框】|【断开链接】命令，将链接断开。断开链接后，文本框各自独立。

6.5　编辑和转换文本

在处理文字的过程中，除了可以直接在绘图窗口中设置文字属性外，还可以通过设置【编辑文本】对话框来完成。在编辑文本时，可以根据版面需要，将美术字文本转换为段落文本，以便编排文字；或者为了在文字中应用各种填充或特殊效果，将段落文本转换为美术字文本。除此之外，用户也可以将文本转换为曲线，以方便对字形进行编辑。

6.5.1　编辑文本

在选择文本对象后，选择【文本】|【编辑文本】命令，即可打开如图 6-75 所示的【编辑文本】对话框。在该对话框中可以更改文本的内容，设置文字的字体、字号、字符效果、对齐方式，更改英文大小写以及导入外部文本等。

图 6-75　【编辑文本】对话框

 提示

　　用户还可以按 Ctrl+Shift+T 组合键，或单击属性栏中的【编辑文本】按钮，打开【编辑文本】对话框。

6 5.2　美术字与段落文本的转换

美术字文本与段落文本具有不同的属性，各有其独特的编辑方式。如果用户需要将美术字文本转换为段落文本，先使用【选择】工具选择需要进行转换的美术字文本，然后选择菜单栏中的【文本】|【转换到段落文本】命令，即可将所选择的美术字文本转换为段落文本，如图 6-76 所示。转换后的美术字文本周围会显示段落文本框，可以应用段落文本的编辑操作。

图 6-76　美术字文本与段落文本的转换

使用【选择】工具选择所要转换的段落文本，再选择【文本】|【转换到美术字】命令，即可将所选的段落文本转换为美术字文本。

知识点

用户也可以通过在想要进行转换的文本对象上右击，在弹出的快捷菜单中选择相应的转换命令，或直接按 Ctrl+F8 组合键，实现美术字文本与段落文本之间的相互转换。

6 5.3　转换文本方向

默认状态下，在 CorelDRAW X8 中输入的文本为横向排列。在编辑过程中，常常需要转换文字的排列方向，这时可通过以下操作方法来完成。

使用【选择】工具选中需要转换的文本对象，在属性栏中单击【将文本更改为水平方向】按钮≡或【将文本更改为垂直方向】按钮Ⅲ，即可将文本由水平方向转换为垂直方向，或由垂直方向转换为水平方向。

6 5.4　文本转换为曲线

虽然文本对象之间可以通过相互转换进行各种编辑，但如果想要将文本作为特殊图形对象应用图形对象的编辑操作，那么就需要将文本对象改变为具有图形对象的属性的曲线以适应编辑调整的操作。

用户如果想将文本对象转换为曲线图形对象，可以在绘图页中选择需要操作的文本对象，再选择菜单栏中的【对象】|【转换为曲线】命令，或按 Ctrl+Q 组合键将文本对象转换为曲线图形对象，然后使用【形状】工具通过添加、删除或移动文字的节点来改变文本的形状。也可

以使用【选择】工具选择文本对象后右击，在打开的快捷菜单中选择【转换为曲线】命令，实现文本对象转换为曲线图形对象的操作。

【例6-14】在绘图文件中，将文本转换为曲线，并编辑其形状。

(1) 在打开的绘图文件中，使用【选择】工具选择需要转换为曲线的文本对象。选择【对象】|【转换为曲线】命令，将文本对象转换为曲线，如图6-77所示。

图6-77　转换为曲线

提示

文本对象一旦转换为曲线图形对象，将不再具有原有的文本属性了，也就是说其将不能再进行与文本对象相关的各种编辑处理。

(2) 选择【形状】工具选中文字路径上的节点，并调整路径形状，如图6-78所示。

图6-78　调整绘制文字曲线

6.6　图文混排

排版设计中，经常需要对图形、图像和文字进行编排。在CorelDRAW X8中，可以使文本沿图形外部边缘形状进行排列。需要注意的是，文本绕图的功能不能应用于美术字文本。如果需要使用该功能，必须先将美术字文本转换为段落文本。

如果需要对输入的文本对象实现文本绕图编排效果，可以在所选的图形对象上右击，从弹出的快捷菜单中选择【段落文本换行】命令，然后将图形对象拖动到段落文本上释放，这时段落文本将会自动环绕在图形对象的周围。

【例6-15】在绘图文件中，将图文进行混排。

(1) 在打开的绘图文件中，使用【选择】工具选择要在其周围环绕文本的对象，如图6-79所示。

(2) 在【对象属性】泊坞窗中，单击【摘要】按钮。在选项组中，单击【段落文本换行】下拉列表，选择【正方形-跨式文本】选项；设置【文本换行偏移】数值为2.0mm，如图6-80所示。

图 6-79 选择对象

提示

选择图形对象后,也可以单击属性栏中的【文本换行】按钮,在弹出的下拉面板中选择换行方式,设置换行偏移数值,如图 6-81 所示。

图 6-80 图文混排

图 6-81 设置文本换行

6.7 上机练习

本章的上机练习通过制作地产广告,使用户更好地掌握文本的输入、编辑基本操作方法和技巧,以及段落文本的设置方法。

(1) 选择【文件】|【新建】命令,打开【创建新文档】对话框。在对话框中的【名称】文本框中输入"地产广告",设置【宽度】数值为 285mm,【高度】数值为 420mm,然后单击【确定】按钮新建绘图文档,如图 6-82 所示。

(2) 选择【布局】|【页面背景】命令,打开【选项】对话框。在对话框中,选中【纯色】单选按钮,并单击颜色按钮,从弹出的下拉面板中选择黑色色板,然后单击【确定】按钮,如图 6-83 所示。

图 6-82 新建文档

图 6-83 设置页面背景

(3) 在标准工具栏中,单击【导入】按钮,打开【导入】对话框。在对话框中,选中所需要的图像文件,然后单击【导入】按钮,如图 6-84 所示。

(4) 在绘图页面中，单击导入图像，并在属性栏中设置【缩放因子】数值为 80%，如图 6-85 所示。

图 6-84　导入图像　　　　　　　　图 6-85　编辑图像

(5) 打开【对齐与分布】泊坞窗，在【对齐对象到】选项区中，单击【页面边缘】按钮，然后在【对齐】选项区中单击【水平居中对齐】和【垂直居中对齐】按钮，如图 6-86 所示。

(6) 选择【对象】|【锁定】|【锁定对象】命令，锁定图像。选择【矩形】工具在页面中绘制矩形，并在调色板中，右击【无】色板，将轮廓色设置为无；单击【橘色】色板，设置填充色，如图 6-87 所示。

图 6-86　对齐图像　　　　　　　　图 6-87　绘制图形

(7) 在标准工具栏中，单击【导入】按钮，打开【导入】对话框。在对话框中，选择所需要的图像文件，然后单击【导入】按钮。在页面中单击，导入图像文件，并调整其位置，如图 6-88 所示。

图 6-88　导入图像

(8) 选择【矩形】工具拖动绘制矩形，并在调色板中，右击【无】色板，将轮廓色设置为无。打开【对象属性】泊坞窗，单击【填充】按钮，在【填充】选项区中单击【均匀填充】按钮，并设置填充色为 C:40 M:0 Y:0 K:100，如图 6-89 所示。

(9) 打开【变换】泊坞窗，单击【倾斜】按钮，设置 X 数值为-10°，然后单击【应用】按钮，如图 6-90 所示。

图 6-89　绘制图形　　　　　　　　　图 6-90　变换图形

(10) 在属性栏中，设置倾斜后的矩形左上和右下的【转角半径】数值为 7mm，如图 6-91 所示。

(11) 选择【对象】|【转换为曲线】命令，选择【形状】工具在转换为曲线的图形边缘双击添加节点，并调整其形状，如图 6-92 所示。

图 6-91　编辑图形(1)　　　　　　　图 6-92　编辑图形(2)

(12) 使用【选择】工具选中刚绘制的图形，按 Ctrl+C 组合键复制，按 Ctrl+V 组合键粘贴。在调色板中单击白色色板，将图形填充色设置为白色。然后按 Ctrl+Pagedown 组合键将图形向后移一层，并调整其位置，如图 6-93 所示。

(13) 选择【钢笔】工具在页面中绘制图形，并在调色板中，右击【无】色板，将轮廓色设置为无；单击【酒绿 C:40 M:0 Y:100 K:0】色板，设置填充色，如图 6-94 所示。

图 6-93　复制并移动图形　　　　　　图 6-94　绘制形状

(14) 打开【对象管理器】泊坞窗，锁定【图层1】，并单击【新建图层】按钮，新建【图层2】，如图 6-95 所示。

(15) 选择【文本】工具在页面中单击，并打开【文本属性】泊坞窗。在泊坞窗中，设置字体为【汉仪综艺体简】，字体大小为 110pt，字体颜色为白色，然后输入文字内容，再使用【选择】工具调整文字位置，如图 6-96 所示。

图 6-95　设置图层　　　　　　　　　　　　　　图 6-96　输入文字(1)

(16) 使用与步骤(15)相同的操作方法在页面中输入文字，在【文本属性】泊坞窗中，设置字体为【黑体】，字体大小为 72pt，字符间距为-10%，如图 6-97 所示。

(17) 使用与步骤(15)相同的操作方法在页面中输入文字，在【文本属性】泊坞窗中，设置字体为【黑体】，字体大小为 60pt，字符间距为-8%，如图 6-98 所示。

图 6-97　输入文字(2)　　　　　　　　　　　　　图 6-98　输入文字(3)

(18) 选择【标注形状】工具，在属性栏中单击【完美形状】按钮，从弹出的下拉列表框中选择一种形状样式，然后在页面中绘制形状，并在调色板中设置轮廓色为无，填充色为白色，如图 6-99 所示。

(19) 使用【选择】工具调整刚绘制形状的大小，并将其以一定角度旋转，如图 6-100 所示。

图 6-99　绘制图形　　　　　　　　　　　　　　图 6-100　编辑图形

(20) 选择【文本】工具，在页面中单击，并在【文本属性】泊坞窗中，设置字体为 Franklin Gothic Heavy，字体大小为 100pt，字符间距为-20%，然后输入文字内容，如图 6-101 所示。

(21) 使用【文本】工具，选中后两个字，并在【文本属性】泊坞窗中，设置其字体大小为 60pt，如图 6-102 所示。

图 6-101　输入文字　　　　　　　　　图 6-102　编辑文字

(22) 使用【文本】工具，选中最一个字，并在【文本属性】泊坞窗中，单击【位置】按钮，从弹出的下拉列表中选择【上标(自动)】选项，如图 6-103 所示。

(23) 使用【选择】工具调整步骤(20)中创建文字的位置及大小，如图 6-104 所示。

图 6-103　编辑文字　　　　　　　　　图 6-104　调整文字位置

(24) 选择【文本】工具在页面中拖动，创建文本框。在【文本属性】泊坞窗中，设置字体为【黑体】，字体大小为 18pt，字体颜色为白色，在【段落】选项区中单击【居中】按钮，然后输入文字内容，如图 6-105 所示。

(25) 在标准工具栏中，单击【导入】按钮，打开【导入】对话框。在对话框中，选择所需要的图像文件，然后单击【导入】按钮，如图 6-106 所示。

图 6-105　输入文字　　　　　　　　　图 6-106　导入图像

(26) 在页面中单击，导入图像，并调整导入图像的大小及位置，如图 6-107 所示。

(27) 选择【文本】工具在页面中拖动，创建文本框。在【文本属性】泊坞窗中，设置字体为【黑体】，字体大小为 12pt，字体颜色为白色，设置【段前间距】数值为 150%，然后输入文字内容，如图 6-108 所示。

图 6-107　调整图像

图 6-108　输入文字

(28) 使用【文本】工具选中第一行文字，在【文本属性】泊坞窗中设置字体为 Adobe Gothic Std B，字体大小为 15pt，然后调整文本框大小，如图 6-109 所示。

(29) 使用与步骤(15)相同的操作方法在页面中输入文字，在【文本属性】泊坞窗中，设置字体为【黑体】，字体大小为 28pt，字体颜色为白色，如图 6-110 所示。

图 6-109　编辑文字

图 6-110　输入文字

(30) 在标准工具栏中，单击【保存】按钮，打开【保存绘图】对话框。在对话框中，单击【保存】按钮。

6.8　习题

1. 将文字转换为路径，并创建如图 6-111 所示的路径文字编排效果。
2. 使用图文混排的操作方法，编排如图 6-112 所示的文字效果。

图 6-111　文字效果(1)

图 6-112　文字效果(2)

第**7**章

创建图形效果

学习目标

通过使用 CorelDRAW X8 中提供的多种特殊效果工具，用户可以创建出阴影、轮廓图、调和、变形、封套、立体化、透明效果等。掌握这些特殊效果工具的使用方法，可以创建出更多造型，丰富版面的视觉效果。

本章重点

- ◉ 阴影效果
- ◉ 轮廓图效果
- ◉ 调和效果
- ◉ 封套效果
- ◉ 立体化效果

7.1 阴影效果

使用【阴影】工具 可以非常方便地为图像、图形、美术字文本等对象添加交互式阴影效果，使其更加具有视觉层次和纵深感。但不是所有对象都能添加交互式阴影效果，如应用调和效果的对象、应用立体化效果的对象等。

7.1.1 创建阴影效果

创建阴影效果的操作方法十分简单，只需选择工作区中要操作的对象，然后选择工具箱中的【阴影】工具，在该对象上按下鼠标并拖动，即可拖动出阴影。拖动至合适位置时释放鼠标，这样就创建了阴影效果。

创建阴影效果后，通过拖动阴影效果开始点和阴影效果结束点，可设置阴影效果的形状、大小及角度；通过拖动控制柄中阴影效果的不透明度滑块，可设置阴影效果的不透明度。另外，还可以通过设置【阴影】工具属性栏中的参数选项进行调整，如图 7-1 所示。

图 7-1 　【阴影】工具属性栏

- ◉ 【预设列表】选项：单击该按钮，在弹出的下拉列表中可以选择预设阴影选项，如图 7-2 所示。
- ◉ 【阴影偏移】选项：用于设置阴影和对象之间的距离。
- ◉ 【阴影角度】选项：用于设置阴影效果起始点与结束点之间构成的水平角度的大小。
- ◉ 【阴影延展】选项：用于设置阴影效果的向外延伸程度。可以直接在数值框中输入数值，也可以单击其选项按钮通过移动滑块进行调整。滑块向右移动，阴影效果向外延伸越远。
- ◉ 【阴影淡出】选项：用于设置阴影效果的淡化程度。可以直接在数值框中输入数值，也可以单击其选项按钮通过移动滑块进行调整。滑块向右移动，阴影效果的淡化程度越大；滑块向左移动，阴影效果的淡化程度越小。
- ◉ 【阴影的不透明度】选项：用于设置阴影效果的不透明度，其数值越大，不透明度越高，阴影效果也就越强。
- ◉ 【阴影羽化】选项：用于设置阴影效果的羽化程度，取值范围为 0～100。
- ◉ 【羽化方向】选项：用于设置阴影羽化的方向。单击该按钮，在弹出的下拉列表中可以选择【高斯式模糊】、【向内】、【中间】、【向外】、【平均】5 个选项，可以根据需要进行选择，如图 7-3 所示。
- ◉ 【羽化边缘】选项：用于设置羽化边缘的效果类型。单击该按钮，在弹出的下拉列表中可以选择【线性】、【方形的】、【反白方形】、【平面】4 个选项，可以根据需要进行选择，如图 7-4 所示。
- ◉ 【阴影颜色】选项：用于设置阴影的颜色。
- ◉ 【合并模式】选项：单击该按钮，在弹出的下拉列表中可以选择阴影颜色与下层对象颜色的调和方式。

图 7-2 　【预设列表】选项

图 7-3 　【羽化方向】选项

图 7-4 　【羽化边缘】选项

【例 7-1】使用【阴影】工具为选定对象添加阴影。

(1) 选择【选择】工具，选取需要创建阴影效果的对象，如图 7-5 所示。

(2) 选择【阴影】工具，在图形对象上按住鼠标左键不放，拖动鼠标到合适的位置，释放鼠标后，即可为对象创建阴影效果，如图 7-6 所示。

图 7-5　选取对象

图 7-6　创建阴影效果

(3) 在属性栏中，设置【阴影角度】为 145，【阴影淡出】为 70，【阴影的不透明度】为 80，【阴影羽化】为 10，在【阴影颜色】下拉面板中选择一种颜色，即可调整阴影效果，如图 7-7 所示。

图 7-7　调整阴影效果

知识点

在对象的中心按下鼠标左键并拖动鼠标，可创建出与对象形状相同的阴影效果。在对象的边缘线上按下鼠标左键并拖动鼠标，可创建具有透视的阴影效果。

7.1.2　复制阴影效果

使用【阴影】工具选中未添加阴影效果的对象，在属性栏中单击【复制阴影效果属性】按钮🔲，当光标变为黑色箭头时，单击目标对象的阴影，复制该阴影属性到所选对象，如图 7-8 所示。

图 7-8　复制阴影效果

7.1.3　分离与清除阴影

用户可以将对象和阴影分离成两个相互独立的对象，分离后的对象仍保持原有的颜色和状态。要将对象与阴影分离，在选择整个阴影对象后，按 Ctrl+K 组合键即可。分离阴影后，使用【选择】工具移动图形或阴影对象，可以看到对象与阴影分离后的效果。要清除阴影效果，只

需在选中阴影对象后，选择【效果】|【清除阴影】命令或单击属性栏中的【清除阴影】按钮 即可。

7.2 轮廓图效果

轮廓图效果是由对象的轮廓向内或向外放射而形成的同心图形效果。在 CorelDRAW X8 中，用户可通过向中心、向内和向外 3 种方向创建轮廓图，不同的方向产生的轮廓图效果也会不同。轮廓图效果可以应用于图形或文本对象。

7.2.1 创建轮廓图

和创建调和效果不同，轮廓图效果只需在一个图形对象上即可完成。使用【轮廓图】工具 回可以在选择对象的内外边框中添加等距轮廓线，轮廓线与原来对象的轮廓形状保持一致。创建对象的轮廓图效果后，除了可以通过光标调整轮廓图效果的控件操作外，也可以通过设置如图 7-9 所示的【轮廓图】工具属性栏中的相关参数选项进行调整。

图 7-9 【轮廓图】工具属性栏

- 【预设列表】：在下拉列表中可以选择预设的轮廓图样式，如图 7-10 所示。
- 【到中心】按钮：单击该按钮，调整为由图形边缘向中心放射的轮廓图效果。将轮廓图设置为该方向后，将不能设置轮廓图步数，轮廓图步数将根据所设置的轮廓图偏移量自动进行调整。
- 【内部轮廓】按钮：单击该按钮，调整为向对象内部放射的轮廓图效果。选择该轮廓图方向后，可以在后面的【轮廓图步长】数值框中设置轮廓图的放射数量。
- 【外部轮廓】按钮：单击该按钮，调整为向对象外部放射的轮廓图效果。同样也可对其设置轮廓图的步数。
- 【轮廓图步长】选项：在数值框中输入数值决定轮廓图的放射数量，如图 7-11 所示。

图 7-10 预设列表   图 7-11 【轮廓图步长】选项

- 【轮廓图偏移】选项：用于设置轮廓图效果中各步数之间的距离。
- 【轮廓图角】选项 回：在下拉面板中，可以设置轮廓图的角类型，如图 7-12 所示。

● 【轮廓色】选项⬜：在下拉面板中，可以设置轮廓色的颜色渐变序列，如图7-13所示。

图7-12　【轮廓图角】选项

图7-13　【轮廓色】选项

● 【对象和颜色加速】选项⬜：在下拉面板中，可以调整轮廓中对象大小和颜色变化的速率，如图7-14所示。

用户还可以通过【轮廓图】泊坞窗调整创建的调和效果。选中对象后，选择【窗口】|【泊坞窗】|【效果】|【轮廓图】命令，或按Ctrl+F9组合键，即可打开如图7-15所示的【轮廓图】泊坞窗。

图7-14　【对象和颜色加速】选项

图7-15　【轮廓图】泊坞窗

⑦2.2　分离与清除轮廓图

分离和清除轮廓图的操作方法，与分离和清除调和效果相同。要分离轮廓图，在选择轮廓图对象后，选择【对象】|【拆分轮廓图群组】命令，或右击鼠标，在弹出的菜单中选择【拆分轮廓图群组】命令。分离后的对象仍保持分离前的状态，可以使用【选择】工具移动对象，如图7-16所示。

图7-16　拆分轮廓图

要清除轮廓图效果，在选择应用轮廓图效果的对象后，选择【效果】|【清除轮廓】命令，或单击属性栏中的【清除轮廓】按钮。

7.3 调和效果

【调和】工具🔧是 CorelDRAW X8 中用途最广泛的工具之一。利用该工具可以定义对象形状和阴影的混合、增加文字图片效果等。

【调和】工具应用于两个对象之间，经过中间形状和颜色的渐变合并两个对象，创建混合效果。当两个对象进行混合时，是沿着两个对象间的路径，以一连串连接图形，在两个对象之间创建渐变进行变化的。这些中间生成的对象会在两个原始对象的形状和颜色之间产生平滑渐变的效果。

7.3.1 创建调和效果

在 CorelDRAW X8 中，可以创建两个或多个对象之间形状和颜色的调和效果。在应用调和效果时，对象的填充方式、排列顺序和外形轮廓等都会直接影响调和效果。要创建调和效果，先在工具箱中选择【调和】工具，然后单击第一个对象，并按住鼠标将其拖动到第二个对象上，释放鼠标后即可创建调和效果。

【例 7-2】使用【交互式调和】工具，在对象之间创建调和效果。

(1) 选择工具箱中的【贝塞尔】工具绘制图形，在调色板中取消轮廓色，按 F11 键打开【编辑填充】对话框，在对话框中单击【均匀填充】按钮，设置填充色为 R:102 G:0 B:0，然后单击【确定】按钮，如图 7-17 所示。

(2) 使用【选择】工具选中绘制的图形，在【变换】泊坞窗中单击【位置】按钮，设置 X 为 100mm，【副本】为 1，然后单击【应用】按钮，如图 7-18 所示。

图 7-17 创建图像并填充颜色

图 7-18 【变换】泊坞窗

(3) 按 F11 键打开【编辑填充】对话框，在对话框中单击【均匀填充】按钮，设置填充色为 R:255 G:51 B:0，然后单击【确定】按钮，如图 7-19 所示。

(4) 在工具箱中选择【调和】工具，在起始对象上按下鼠标左键不放，向另一个对象拖动鼠标，释放鼠标即可创建调和，然后在属性栏中设置【调和对象】数值为 3，如图 7-20 所示。

图 7-19　创建图形

图 7-20　创建调和

⑦3.2　控制调和效果

创建对象之间的调和效果后，除了可以通过光标调整调和效果的控件操作外，也可以通过设置【调和】工具属性栏中的相关参数选项来进行调整，如图 7-21 所示。在该工具属性栏中，各主要参数选项的作用如下。

图 7-21　【调和】工具属性栏

- ◉ 【预设列表】：在该选项下拉列表中提供了调和预设样式，如图 7-22 所示。
- ◉ 【调和对象】选项：用于设置调和效果的调和步数或形状之间的偏移距离，如图 7-23 所示。

图 7-22　预设列表

图 7-23　调和对象

- ◉ 【调和方向】选项：用于设置调和效果的角度，如图 7-24 所示。
- ◉ 【环绕调和】选项：按调和方向在对象之间产生环绕式的调和效果，该按钮只有在为调和对象设置了调和方向后才能使用，如图 7-25 所示。

图 7-24　调和方向

图 7-25　环绕调和

- ◉ 【路径属性】：单击该按钮，可以打开该选项菜单，其中包括【新路径】、【显示路径】和【从路径分离】3 个命令。【新路径】命令用于重新选择调和效果的路径，

计算机 基础与实训教材系列

从而改变调和效果中过渡对象的排列形状；【显示路径】命令用于显示调和效果的路径；【从路径分离】命令用于将调和效果的路径从过渡对象中分离。

- 【直接调和】按钮：直接在所选对象的填充颜色之间进行颜色过渡。
- 【顺时针调和】按钮：使对象上的填充颜色按色轮盘中顺时针方向进行颜色过渡，如图 7-26 所示。
- 【逆时针调和】按钮：使对象上的填充颜色按色轮盘中逆时针方向进行颜色过渡，如图 7-27 所示。

图 7-26 顺时针调和

图 7-27 逆时针调和

- 【对象和颜色加速】选项：单击该按钮，弹出【加速】选项，拖动【对象】和【颜色】滑块可调整形状和颜色的加速效果，如图 7-28 所示。

图 7-28 对象和颜色加速

> **知识点**
>
> 单击【加速】选项中的🔒按钮，使其呈锁定状态，表示【对象】和【颜色】同时加速。再次单击该按钮，将其解锁后，可以分别对【对象】和【颜色】进行设置。

- 【调整加速大小】：单击该按钮，可按照均匀递增式改变加速设置效果。
- 【更多调和选项】：单击该按钮，可以拆分和融合调和、旋转调和中的对象和映射节点。
- 【起始和结束对象属性】选项：用于重新设置应用调和效果的起始端和末端对象。在绘图窗口中重新绘制一个用于应用调和效果的图形，将其填充为所需的颜色并取消外部轮廓；选择调和对象后，单击【起始和结束对象属性】按钮，在弹出式选项中选择【新终点】命令，此时光标变为▶状态；在新绘制的图形对象上单击鼠标左键，即可重新设置调和的末端对象。

用户还可以通过【调和】泊坞窗调整创建的调和效果。先选择绘图窗口中应用调和效果的对象，再选择菜单栏中的【窗口】|【泊坞窗】|【效果】|【调和】命令，打开如图 7-29 所示的【调和】泊坞窗。在该泊坞窗中，设置调和的步长值和旋转角度，然后单击【应用】按钮即可。单击【调和】泊坞窗底部的▼按钮，可以打开如图 7-30 所示的扩展选项。

- 【映射节点】按钮：单击该按钮后，单击起始对象上的节点，然后单击结束对象上的节点，即可映射调和的节点。
- 【拆分】按钮：单击该按钮后，单击要拆分调和的点上的中间对象。需要注意的是，不能在紧挨起始对象或结束对象的中间对象处拆分调和。

- ◉ 【熔合始端】按钮：单击该按钮，熔合拆分或复合调和中的起始对象。
- ◉ 【熔合末端】按钮：单击该按钮，熔合拆分或复合调和中的结束对象。
- ◉ 【始端对象】按钮：单击该按钮，更改调和的起始对象。
- ◉ 【末端对象】按钮：单击该按钮，更改调和的结束对象。
- ◉ 【路径属性】按钮：单击该按钮，设置对象的调和路径。

> **提示**
>
> 将工具切换到【选择】工具，在页面空白位置单击，取消所有对象的选取状态，再拖动调和效果中的起始端对象或末端对象，可以改变对象之间的调和效果。

图 7-29　【调和】泊坞窗

图 7-30　扩展选项

⑦ 3.3　创建复合调和

使用【调和】工具，从一个对象拖动到另一个调和对象的起始对象或结束对象上，即可创建复合调和；还可以将两个起始对象群组为一个对象，然后使用调和工具进行拖动调和，此时调和的起始节点在两个起始对象中间，如图 7-31 所示。

图 7-31　创建复合调和

⑦ 3.4　沿路径调和

在对象之间创建调和效果后，可以通过【路径属性】功能，使调和对象按照指定的路径进行调和。使用【调和】工具在两个对象间创建调和后，单击属性栏上的【路径属性】按钮，在弹出的下拉列表中选择【新路径】选项。当光标变为黑色曲线箭头 ✐ 后，使用曲线箭头单击要调和的曲线路径，即可将调和对象按照指定的路径进行调和，如图 7-32 所示。

图 7-32　沿路径调和

在工具箱中选择【调和】工具，并使用工具选择第一个对象。然后按住 Alt 键，拖动鼠标绘制到第二个对象的线条。在第二个对象上释放鼠标，即可沿手绘路径调和对象，如图 7-33 所示。

 知识点

　　选择调和对象后，选择【对象】|【顺序】|【逆序】命令，可以反转对象的调和顺序。

图 7-33　沿手绘路径调和

⑦3.5　复制调和属性

当绘图窗口中有两个或两个以上的调和对象时，使用【复制调和属性】功能，可以将其中一个调和对象的属性复制到另一个调和对象中，得到具有相同属性的调和效果。

选择需要修改调和属性的目标对象，单击属性栏中的【复制调和属性】按钮🔲，当光标变为黑色箭头形状时单击用于复制调和属性的源对象，即可将源对象中的调和属性复制到目标对象中，如图 7-34 所示。

图 7-34　复制调和属性

⑦3.6　拆分调和对象

应用调和效果后的对象，可以通过菜单命令将其分离为相互独立的个体。要分离调和对象，可以在选择调和对象后，选择【对象】|【拆分调和群组】命令或按 Ctrl+K 组合键拆分群组对象。分离后的各个独立对象仍保持分离前的状态。

调和对象被分离后，之前用于创建调和效果的起始和末端对象都可以被单独选取，而位于两者之间的其他图形将以群组的方式组合在一起，按 Ctrl+U 组合键即可取消组合，进行下一步操作，如图 7-35 所示。

图 7-35　拆分调和对象

⑦3.7　清除调和效果

为对象应用调和效果后，如果不需要再使用此种效果，可以清除对象的调和效果，只保留起始和末端对象。选择调和对象后，要清除调和效果，只需选择【效果】|【清除调和】命令，或单击属性栏中的【清除调和】按钮⊛即可，如图 7-36 所示。

图 7-36　清除调和效果

⑦.4　变形效果

使用【变形】工具可以对所选对象进行各种不同效果的变形。在 CorelDRAW X8 中，可以为对象应用推拉变形、拉链变形和扭曲变形 3 种不同类型的变形效果。

⑦4.1　应用变形效果

使用工具箱中的【变形】工具可以改变对象的形状。一般用户可以先使用【变形】工具进行对象的基本变形，然后通过【变形】工具属性栏进行相应编辑和设置调整变形效果。

在该工具属性栏中，通过单击【推拉变形】按钮⊕、【拉链变形】按钮✿或【扭曲变形】

按钮，可以在绘图窗口中进行相应的变形效果操作。单击不同的变形效果按钮，【变形】工具属性栏也会显示不同的参数选项。

【例 7-3】使用【变形】工具变形图形对象。

(1) 使用【复杂星形】工具在绘图窗口中绘制星形，在属性栏中设置【点数或边数】数值为 15，【锐度】数值为 4，【轮廓宽度】数值为无，并在调色板中取消轮廓色，按 F11 键打开【编辑填充】对话框设置渐变填充色色填充图形，如图 7-37 所示。

(2) 选择【变形】工具，在属性栏的【预设列表】下拉列表中选择【推角】选项，单击【推拉变形】按钮，在【推拉振幅】数值框中输入-15，然后按 Enter 键应用，如图 7-38 所示。

图 7-37　绘制复杂星形　　　　　　　　　图 7-38　推拉变形

(3) 单击属性栏中的【添加新的变形】按钮，然后单击【拉链变形】按钮，在属性栏中的【拉链振幅】数值框中输入 35，【拉链频率】数值框中输入 2，如图 7-39 所示。

图 7-39　拉链变形

> **提示**
>
> 拖动变形控制线上的□控制点，可以任意调整变形的失真振幅。拖动◇控制点，可调整对象的变形角度，如图 7-40 所示。

图 7-40　调整变形

⑦4.2　清除变形效果

清除对象上应用的变形效果，可使对象恢复到变形前的状态。使用【变形】工具单击需要清除变形效果的对象，然后选择【效果】|【清除变形】命令或单击属性栏中的【清除变形】按钮即可。

7.5 封套效果

【封套】工具 ⊠ 为对象提供了一系列简单的变形效果，为对象添加封套后，通过调整封套上的节点可以使对象产生各种形状的变形效果。

7.5.1 创建封套效果

使用【封套】工具，可以使对象整体形状随封套外形的调整而改变。该工具主要针对图形对象和文本对象进行操作。另外，用户可以使用预设的封套效果，也可以编辑已创建的封套效果创建自定义封套效果。

选择图形对象后，选择【窗口】|【泊坞窗】|【效果】|【封套】命令，或按 Ctrl+F7 组合键，打开【封套】泊坞窗，单击其中的【添加预设】按钮，在下面的样式列表框中选择一种预设的封套样式，单击【应用】按钮，即可将该封套样式应用到图形对象中，如图 7-41 所示。

图 7-41　使用封套

7.5.2 编辑封套效果

在对象四周出现封套编辑框后，可以结合【封套】工具属性栏对封套形状进行编辑。【封套】工具属性栏如图 7-42 所示。

图 7-42　【封套】工具属性栏

- ⊙ 【非强制模式】按钮 ：单击该按钮后，可任意编辑封套形状，更改封套边线的类型和节点类型，还可增加或删除封套的控制点等，如图 7-43 所示。
- ⊙ 【直线模式】按钮 ：单击该按钮后，移动封套的控制点，可以保持封套边线为直线段，如图 7-44 所示。
- ⊙ 【单弧模式】按钮 ：单击该按钮后，移动封套的控制点，封套边线将变为单弧线，如图 7-45 所示。

图 7-43 非强制模式

图 7-44 直线模式

- ⦿ 【双弧模式】按钮⬜：单击该按钮后，移动封套的控制点，封套边线将变为 S 形弧线，如图 7-46 所示。

图 7-45 单弧模式

图 7-46 双弧模式

- ⦿ 【映射模式】：单击该列表，可以选择封套中对象的调整方式。
- ⦿ 【保留线条】按钮⬜：单击该按钮后，应用封套时保留直线。
- ⦿ 【添加新封套】按钮⬜：单击该按钮后，封套形状恢复为未进行任何编辑时的状态，而封套对象仍保持变形后的效果。

7.6 立体化效果

　　应用立体化功能，可以为对象添加三维效果，使对象具有纵深感和空间感。立体化效果可以应用于图形和文本对象。需要创建立体化效果，可以在工作区中选择操作的对象，并设置填充和轮廓线属性。然后选择工具箱中的【立体化】工具⬛，在对象上按下鼠标并拖动，拖动光标至适当位置释放，即可创建交互式立体化效果，如图 7-47 所示。

图 7-47 立体化效果

　　创建立体化效果后，还可以通过【立体化】工具属性栏进行颜色模式、斜角边、三维灯光、灭点模式等参数选项的设置。选择工具箱中的【立体化】工具后，工具属性栏会显示为如图 7-48 所示状态。

图 7-48　【立体化】工具属性栏

在该工具属性栏中，各主要参数选项的作用如下。

- ◉ 【预设列表】：在该选项下拉列表框中有 6 种预设的立体化效果，如图 7-49 所示。用户可以根据需要选择。
- ◉ 【灭点坐标】选项：用于设置灭点的水平坐标和垂直坐标。
- ◉ 【灭点属性】选项：在该选项下拉列表中，可以选择【锁到对象上的灭点】、【锁到页上的灭点】、【复制灭点，自…】和【共享灭点】4 种立体化效果的灭点属性。
- ◉ 【页面或对象灭点】按钮🔲：单击该按钮，可将灭点的位置锁定到对象或页面中。
- ◉ 【深度】选项：用于设置对象的立体化效果深度。
- ◉ 【立体化旋转】按钮🔲：单击该按钮，可以打开下拉面板。在该面板中，使用光标拖动旋转显示的数字，可更改对象立体化效果的方向。单击【切换方式】按钮，可以切换至【旋转值】对话框，以数值设置方式调整立体化效果的方向，对话框中显示 x、y、z 3 个坐标旋转值设置文本框，用于设置对象在 3 个轴向上的旋转坐标数值，如图 7-50 所示。

图 7-49　【预设列表】选项

图 7-50　立体化旋转

- ◉ 【立体化颜色】🔲：单击该按钮，可以打开下拉面板。在该面板中，共有【使用对象填充】、【使用纯色】和【使用递减的颜色】3 种颜色填充模式。选择不同的颜色填充模式时，其选项有所不同，如图 7-51 所示。
- ◉ 【立体化倾斜】🔲：单击该按钮，可以打开下拉面板。在该面板中，可以设置立体化效果斜角修饰边的参数选项，如斜角修饰边的深度、角度等，如图 7-52 所示。
- ◉ 【立体化照明】🔲：单击该按钮，可以打开下拉面板。在该面板中，可以为对象设置 3 盏立体照明灯，并设置灯的位置和强度。如启用【使用全色范围】复选框，可以确保为立体化效果添加光源时获得最佳效果，如图 7-53 所示。

🦋 提示 ------

使用【立体化】工具在图形对象上创建立体化效果后，再使用【立体化】工具在对象上单击，可显示旋转图标。此时，按住鼠标拖动即可旋转对象，如图 7-54 所示。

计算机 基础与实训教材系列

图 7-51　立体化颜色

图 7-52　立体化倾斜

图 7-53　立体化照明

图 7-54　立体旋转

【例 7-4】在绘图文件中，创建并编辑立体化效果。

(1) 选择【基本形状】工具，在工具属性栏中单击【完美形状】选取器选择一种形状工具，设置【轮廓宽度】为 1mm。在页面中绘制形状。在调色板中设置轮廓色为白色，按 F11 键打开【编辑填充】对话框，在对话框中单击【椭圆形渐变填充】按钮，设置渐变填充色，然后单击【确定】按钮应用，如图 7-55 所示。

(2) 选择【立体化】工具，由左至右拖动鼠标，为图形创建交互式立体化效果，释放鼠标后，效果如图 7-56 所示。

图 7-55　绘制图形

图 7-56　立体化效果

(3) 单击属性栏中的【立体化旋转】按钮，在弹出的下拉面板中拖动预览，调整立体效果的方向，如图 7-57 所示。

(4) 单击属性栏中的【立体化颜色】按钮，在弹出的下拉面板中单击【使用递减的颜色】按钮，然后在下方的【到】颜色挑选器中设置颜色为 C:70 M:85 Y:0 K:0，如图 7-58 所示。

图 7-57 调整立体效果方向

图 7-58 设置立体化颜色

(5) 单击属性栏中的【立体化倾斜】按钮,在弹出的下拉面板中,选中【使用斜角修饰边】复选框,设置【斜角修饰边深度】数值为 3mm、【斜角修饰边角度】数值为 60°,如图 7-59 所示。

(6) 单击属性栏中的【立体化照明】按钮,在弹出的下拉面板中,单击【光源 1】按钮,在示意图中单击设置光源 1,设置【强度】数值为 100;单击【光源 2】按钮,在示意图中单击设置光源 2,设置【强度】数值为 40,如图 7-60 所示。

图 7-59 设置立体化倾斜

图 7-60 设置立体化照明

7.7 透明效果

透明效果实际就是在对象当前的填充上应用类似于填充的灰阶遮罩。应用透明效果后,选择的对象会透明显示排列在其后面的对象。使用【透明度】工具 ![图标],可以很方便地为对象应用均匀、渐变或图样等透明效果。

使用【透明度】工具后可以通过手动调节和设置工具属性栏两种方式调整对象的透明效果。使用【透明度】工具单击要应用透明效果的对象,然后可以从工具属性栏中选择透明度类型。

1. 均匀透明度

选中要添加透明效果的对象,然后选择【透明度】工具,在属性栏中单击【均匀透明度】按钮 ![图标],再通过从【透明度挑选器】中选择透明度效果,或通过调整【透明度】数值来设置透明度大小,如图 7-61 所示。

计算机 基础与实训教材系列

图 7-61　设置均匀透明度

2. 渐变透明度

　　选中要添加透明效果的对象，然后选择【透明度】工具，在属性栏中单击【渐变透明度】按钮，再通过从【透明度挑选器】中选择透明度效果，或单击【线性渐变透明度】按钮、【椭圆形渐变透明度】按钮、【锥形渐变透明度】按钮、【矩形渐变透明度】按钮应用渐变透明度，如图 7-62 所示。

图 7-62　设置渐变透明度

　　用户还可以通过对象上的透明度控制线调整渐变透明度效果。要调整透明度起始位置，拖动控制线上的白色方块端，或在属性栏中设置【节点透明度】数值即可，如图 7-63 所示。要调整透明度结束位置，拖动控制线上的黑色方块端，或在属性栏中设置【节点透明度】数值即可，如图 7-64 所示。

图 7-63　调整透明度起始位置　　　　　　　　　　图 7-64　调整透明度结束位置

　　要调整透明度渐进效果，拖动控制线上的滑块即可，如图 7-65 所示。要调整角度旋转透明度，调整控制线上的圆形端，或在属性栏中设置【旋转】数值即可，如图 7-66 所示。

图 7-65　调整透明度渐进效果　　　　　　　　　　图 7-66　调整透明度角度

提示

在使用渐变透明度后，单击属性栏中的【编辑透明度】按钮 ，可以打开如图7-67所示的【编辑透明度】对话框编辑修改透明度效果。

图7-67 【编辑透明度】对话框

3. 图样透明度

创建图样透明度，可以进行美化图片或为文字添加特殊样式的底图等操作。在属性栏中单击【向量图样透明度】按钮、【位图图样透明度】按钮、【双色图样透明度】按钮和【底纹透明度】按钮，显示相应的属性栏并设置其参数即可。这几种透明度设置方法基本相同。

【例7-5】在绘图文件中，使用【透明度】工具改变图像效果。

(1) 在打开的绘图文件中，使用【选择】工具选取对象，如图7-68所示。

(2) 选择【透明度】工具，在属性栏中单击【渐变透明度】按钮，再单击【椭圆形渐变透明度】按钮，在【合并模式】下拉列表中选择【减少】选项，然后选定透明度上节点，在显示的浮动面板中设置节点透明度为40，如图7-69所示。

图7-68 选取对象

图7-69 设置透明度(1)

(3) 使用【选择】工具选取对象，选择【透明度】工具，在属性栏中单击【渐变透明度】按钮，然后使用【透明度】工具在对象上拖动创建线性渐变透明度，并在显示的浮动面板中设置节点透明度为38，如图7-70所示。

(4) 使用与步骤(1)至步骤(3)相同的操作方法，为其他图形对象添加透明效果，如图7-71所示。

图7-70 设置透明度(2)

图7-71 设置透明度(3)

7.8 透视效果

使用【添加透视】命令，可以对对象进行倾斜和拉伸等变换操作，使对象产生空间透视效果。透视功能只能用于矢量图形和文本对象，不能用于位图图像。同时，在为群组对象应用透视点功能时，如果对象中包含有交互式阴影效果、网格填充效果、位图或沿路径排列的文字时，都不能应用此项。

选中要添加透视效果的对象，然后选择【效果】|【添加透视】命令，在对象上生成透视网格，接着移动网格的节点调整透视效果。要清除对象中的透视效果，选择【效果】|【清除透视点】命令即可。

【例 7-6】在绘图文件中，使用【添加透视】命令调整图形对象。

(1) 使用【选择】工具选取图形对象，如图 7-72 所示。

(2) 选择【效果】|【添加透视】命令，在对象上会出现网格似的红色虚线框，同时在对象的四角出现黑色的控制点，如图 7-73 所示。

图 7-72 选择对象　　　　　　　　图 7-73 使用【添加透视】命令

(3) 拖动其中任意一个控制点，可使对象产生透视的变换效果。此时，在绘图窗口中会出现透视的消失点，拖动该消失点可调整对象的透视效果，如图 7-74 所示。

图 7-74 调整透视效果

7.9 透镜效果

使用透镜功能可以改变透镜下方对象区域的外观，而不改变对象的实际特性和属性。在 CorelDRAW X8 中可以对任意矢量对象、美术字文本和位图的外观应用透镜。选择【窗口】|

【泊坞窗】|【效果】|【透镜】命令，或按 Alt+F3 组合键可以显示【透镜】泊坞窗，可以在泊坞窗的透镜类型下拉列表中选择所需要的透镜类型，如图 7-75 所示。需要注意的是，不能将透镜效果直接应用于链接群组，如斜角修饰边对象、立体化对象、阴影、段落文本或用【艺术笔】工具创建的对象。

- 【变亮】选项：允许使对象区域变亮和变暗，并可设置亮度和暗度的比率，如图 7-76 所示。

图 7-75　【透镜】泊坞窗

图 7-76　【变亮】选项

💡 **提示**

选中泊坞窗中的【冻结】复选框，可以将应用透镜效果对象下面的其他对象所产生的效果添加成透镜效果的一部分，不会因为透镜或对象的移动而改变该透镜效果。选中【视点】复选框，在不移动透镜的情况下，只显示透镜下面对象的部分。选中【移除表面】复选框，透镜效果只显示该对象与其他对象重合的区域，而被透镜覆盖的其他区域则不可见。

- 【颜色添加】选项：允许模拟加色光线模型。透镜下的对象颜色与透镜的颜色相加，就像混合了光线的颜色。可以选择颜色和要添加的颜色量，如图 7-77 所示。
- 【色彩限度】选项：仅允许用黑色和透过的透镜颜色查看对象区域，如图 7-78 所示。

图 7-77　【颜色添加】选项

图 7-78　【色彩限度】选项

- 【自定义彩色图】选项：允许将透镜下方对象区域的所有颜色改为介于指定的两种颜色之间的一种颜色，如图 7-79 所示。可以选择这个颜色范围的起始色和结束色，以及这两种颜色的渐进。渐变在色谱中的路径可以是直线、向前或向后。

● 【鱼眼】选项：可以根据指定的百分比扭曲、放大或缩小透镜下方的对象，如图 7-80 所示。

图 7-79　【自定义彩色图】选项

图 7-80　【鱼眼】选项

● 【热图】选项：可以通过在透镜下方的对象区域中模仿颜色的冷暖度等级，来创建红外图像的效果，如图 7-81 所示。

● 【反转】选项：可以将透镜下方的颜色变为其 CMYK 互补色。互补色是色轮上互为相对的颜色，如图 7-82 所示。

图 7-81　【热图】选项

图 7-82　【反转】选项

● 【放大】选项：可以按指定的量放大对象上的某个区域，如图 7-83 所示。

● 【灰度浓淡】选项：选择该选项，可以将透镜下方对象区域的颜色变为与其等值的灰度，如图 7-84 所示。

图 7-83　【放大】选项

图 7-84　【灰度浓淡】选项

● 【透明度】选项：使对象看起来像着色胶片或彩色玻璃，如图 7-85 所示。

● 【线框】选项：可以用所选的轮廓或填充色显示透镜下方的对象区域，如图 7-86 所示。例如，如果将轮廓设为红色，将填充设为蓝色，则透镜下方的所有区域看上去都具有红色轮廓和蓝色填充。

图 7-85 【透明度】选项　　　　　　　　图 7-86 【线框】选项

7.10 上机练习

本章的上机练习通过制作促销广告吊旗，使用户通过练习从而巩固本章所学知识。

(1) 在标准工具栏中，单击【新建】按钮，打开【创建新文档】对话框。在对话框的【名称】文本框中输入"新品上市吊旗"，设置【宽度】数值为 450mm，【高度】数值为 300mm，然后单击【确定】按钮新建文档，如图 7-87 所示。

(2) 选择【布局】|【页面背景】命令，打开【选项】对话框。在对话框中，选中【位图】单选按钮，单击【浏览】按钮，打开【导入】对话框。在对话框中，选择所需要的图像文档，然后单击【导入】按钮，如图 7-88 所示。

图 7-87 创建新文档

图 7-88 设置页面背景(1)

(3) 在【选项】对话框的【位图尺寸】选项区中，选中【自定义尺寸】单选按钮，设置【水平】数值为 460，然后单击【确定】按钮，如图 7-89 所示。

(4) 选择【钢笔】工具在页面中绘制如图 7-90 所示的图形。

图 7-89 设置页面背景(2)   图 7-90 绘制图形

(5) 在调色板中，右击【无】色板，将轮廓色设置为无。双击状态栏中填充状态，打开【编辑填充】对话框。在对话框中选中【渐变填充】按钮，设置渐变起始颜色为 C:11 M:11 Y:91 K:0，终止颜色为 C:0 M:53 Y:100 K0，【节点位置】为 25%，取消选中【锁定纵横比】按钮，设置【填充宽度】为 60%，【旋转】数值为-65°，然后单击【确定】按钮应用填充，如图 7-91 所示。

图 7-91 填充图形

(6) 按 Ctrl+C 组合键复制刚绘制的图形，按 Ctrl+V 组合键粘贴。选择【形状】工具调整复制的图形对象的形状效果。然后双击状态栏中填充状态，打开【编辑填充】对话框。设置渐变起始颜色为 C:100 M:0 Y:0 K:0，终止颜色为 C:0 M:0 Y:0 K0，【节点位置】为 50%，【填充宽度】为 150%，【旋转】数值为-35°，然后单击【确定】按钮应用填充，如图 7-92 所示。

图 7-92 复制并编辑图形

(7) 在【对象管理器】泊坞窗中，单击【新建图层】按钮，新建【图层 2】。选择【文字】工具在页面中输入文字内容，并选中。在属性栏中单击【文本属性】按钮，打开【文本属性】泊坞窗。在泊坞窗中，设置字体为方正综艺简体，字体大小为 260pt，文本颜色为白色，如图 7-93 所示。

(8) 选择【对象】|【转换为曲线】命令，将文字转换为曲线，并使用【形状】工具调整文字形状，如图 7-94 所示。

图 7-93　输入文字

图 7-94　编辑文字

(9) 使用【选择】工具选中调整后的文字，按 Ctrl+C 组合键复制文字，按 Ctrl+V 组合键粘贴，并在调色板中单击 C:0 M:0 Y:0 K:90 色板填充文字图形。按 Ctrl+Pagedown 组合键将刚复制的文字放置在后面，并调整文字的位置，如图 7-95 所示。

(10) 选择【调和】工具，分别单击两个文字对象创建混合，并在属性栏中设置【调和对象】数值为 4，如图 7-96 所示。

图 7-95　复制并编辑文字

图 7-96　创建调和效果

(11) 使用【选择】工具选中步骤(7)中创建的文字，按 Ctrl+C 组合键复制文字，按 Ctrl+V 组合键粘贴。选择【阴影】工具，在属性栏中单击【预设列表】按钮，从弹出的下拉列表中选择【小型辉光】选项，单击【阴影颜色】下拉按钮，从弹出的下拉列表框中选择黑色，设置【阴影羽化】数值为 7，如图 7-97 所示。

(12) 选中步骤(7)至步骤(11)中创建的文字效果，按 Ctrl+G 组合键进行组合，并调整组合后对象的位置及角度，如图 7-98 所示。

图 7-97　添加阴影效果

图 7-98　编辑对象

(13) 在标准工具栏中，单击【导入】按钮，打开【导入】对话框。在对话框中选择所需要的图像文件，然后单击【导入】按钮，如图 7-99 所示。

(14) 在页面中单击，导入图像，并按 Ctrl+Pagedown 组合键将图像向下移一层，然后调整置入图像的位置及大小，如图 7-100 所示。

图 7-99　导入图像　　　　　　　　　　　图 7-100　编辑图像

(15) 打开【变换】泊坞窗，单击【缩放和镜像】按钮，单击【水平镜像】按钮，设置【副本】数值为 1，然后单击【应用】按钮。并调整镜像后的图像的位置及大小，如图 7-101 所示。

(16) 在标准工具栏中，单击【导入】按钮，打开【导入】对话框。在对话框中选择所需要的图像文件，然后单击【导入】按钮，如图 7-102 所示。

图 7-101　变换对象　　　　　　　　　　　图 7-102　导入图像

(17) 在页面中单击，导入图像。打开【对齐与分布】泊坞窗，在【对齐对象到】选项区中单击【页面边缘】按钮，在【对齐】选项区中单击【右对齐】和【顶端对齐】按钮，如图 7-103 所示。

(18) 选择【文本】工具在页面中单击，输入文字内容。在【文本属性】泊坞窗中设置字体为 Magneto，字体大小为 210pt，字符间距为-25%，并调整文字位置，如图 7-104 所示。

图 7-103　对齐对象　　　　　　　　　　　图 7-104　输入文字

(19) 选择【对象】|【转换为曲线】命令，按 F11 键打开【编辑填充】对话框。在对话框中单击【渐变填充】按钮，设置【旋转】数值为 90°，在渐变条上设置渐变起始色标数值为 C:0 M:15 Y:93 K:0，终止色标数值为 C:0 M:67 Y:100 K:0，然后单击【确定】按钮，如图 7-105 所示。

图 7-105 填充对象

(20) 按 Ctrl+C 组合键复制文字，按 Ctrl+V 组合键粘贴，并在调色板中单击白色色板，填充文字。选择【椭圆形】工具在复制的文字上拖动绘制椭圆形，如图 7-106 所示。

图 7-106 绘制图形

(21) 使用【选择】工具选中复制的文字和绘制的椭圆形，并在属性栏中单击【移除前面对象】按钮，如图 7-107 所示。

(22) 选择【透明度】工具在图形上拖动创建透明度，并在属性栏中的【合并模式】下拉列表中选择【叠加】选项，设置【节点透明度】数值为 47%，【旋转】数值为 90°，如图 7-108 所示。

图 7-107 修剪图形　　　　　　　　　图 7-108 设置透明度效果

(23) 选择步骤(18)和步骤(22)中创建的对象，然后按 Ctrl+G 组合键进行组合。选择【阴影】工具，在属性栏中单击【预设列表】按钮，从弹出的列表中选择【平面右下】选项，设置【阴影的不透明度】数值为 80，【阴影羽化】数值为 6，然后调整阴影效果，如图 7-109 所示。

(24) 选择【文本】工具在页面中单击，并输入文字内容。在【文本属性】泊坞窗中设置字体为【方正黑体简体】，字体大小数值为 60pt。然后选择【形状】工具选中文字节点，并调整字符位置，如图 7-110 所示。

图 7-109　添加阴影效果 　　　　　　　　　　图 7-110　输入文字

(25) 在标准工具栏中，单击【保存】按钮，打开【保存绘图】对话框。在对话框中单击【保存】按钮即可保存刚创建的绘图文档。

7.11　习题

1. 使用【调和】工具创建如图 7-111 所示的图形对象。
2. 使用【立体化】工具创建如图 7-112 所示的图形对象。

图 7-111　图形对象(1) 　　　　　　　图 7-112　图形对象(2)

图层和样式的应用

学习目标

在 CorelDRAW X8 中，用户可以通过对图层的控制，灵活地组织图层中的对象。还可以利用图形样式、文本样式和颜色样式控制对象外观属性。

本章重点

- 图层操作
- 创建样式或样式集
- 编辑样式或样式集
- 颜色样式

8.1 图层操作

在 CorelDRAW X8 中，控制和管理图层的操作都是通过【对象管理器】泊坞窗完成的。默认状态下，每个新创建的文件都是由页面 1 和主页面构成。页面 1 包含辅助线图层和图层 1。辅助线图层用于存储页面上特定的辅助线。图层 1 是默认的局部图层，在没有选择其他图层时，在工作区中绘制的对象都会添加到图层 1 上。

主页面包含应用于当前文档中所有的页面信息。默认状态下，主页面可包含辅助线图层、桌面图层和文档网格图层。

- 辅助线图层：包含用于文档中所有页面的辅助线。
- 桌面图层：包含绘图页面边框外部的对象，该图层可以创建以后可能要使用的绘图。
- 文档网格图层：包含用于文档中所有页面的网格，该图层始终位于图层的底部。

选择【窗口】|【泊坞窗】|【对象管理器】命令，打开如图 8-1 所示的【对象管理器】泊坞窗。单击【对象管理器】泊坞窗右上角的▶按钮，弹出如图 8-2 所示的菜单。

- 显示或隐藏图层：单击◉图标，可以隐藏图层。在隐藏图层后，◉图标变为◐图标，单击◐图标可重新显示图层。

图 8-1　【对象管理器】泊坞窗　　　　　　　　图 8-2　泊坞窗菜单

- 启用或禁用图层的打印和导出：单击 🖨 图标，可以禁用图层的打印和导出，此时 🖨 图标变为 🔏 图标。禁用打印和导出图层后，可以防止该图层中的内容被打印或导出到绘图中，也可以防止其在全屏预览中显示。单击 🔏 图标可重新启用图层的打印和导出。
- 使图层可编辑或将其锁定防止更改：单击 🔓 图标，可锁定图层，此时 🔓 图标变为 🔒 图标。单击 🔒 图标，可解除图层的锁定，使图层处于可编辑状态。

⑧.1.1　新建和删除图层

要新建图层，在【对象管理器】泊坞窗中单击【新建图层】按钮 🖳，即可创建一个新的图层，同时在出现的文字编辑框中可以修改图层的名称，如图 8-3 所示。默认状态下，新建的图层以【图层 2】命名。

图 8-3　新建图层

如果要在主页面中创建新的图层，单击【对象管理器】泊坞窗左下角的【新建主图层(所有页)】按钮 🖳 即可，如图 8-4 所示。在进行多页内容编辑时，还可以根据需要，单击【新建主图层(奇数页)】按钮 🖳 或【新建主图层(偶数页)】按钮 🖳 在奇数页或偶数页创建主图层。

知识点

需要注意的是【页面 1】和【主页面】不能被删除或复制。在删除图层的同时，将删除该图层上的所有对象，如果要保留该图层上的对象，可以先将对象移动到另一图层上，然后再删除当前图层。

图 8-4　新建主图层

在绘图过程中，如果要删除不需要的图层，可以在【对象管理器】泊坞窗中单击需要删除的图层名称，此时被选中的图层名称将以高亮显示，表示该图层为活动图层，然后单击该泊坞窗中的【删除】按钮，或按 Delete 键即可删除选择的图层。

8.1.2　在图层中添加对象

要在指定的图层中添加对象，首先需要选中该图层。如果图层为锁定状态，可以在【对象管理器】泊坞窗中单击该图层名称前的图标，将其解锁，然后在图层名称上单击使该图层成为活动图层。接下来在 CorelDRAW X8 中绘制、导入或粘贴的对象都会被放置在该图层中，如图 8-5 所示。

图 8-5　添加对象

8.1.3　在主图层中添加对象

在新建主图层时，主图层始终都将添加到主页面中，并且添加到主图层上的内容在文档的所有页面上都可见。用户可以将一个或多个图层添加到主页面中，以保留这些页面具有相同的页眉、页脚或静态背景等内容。

【例8-1】在绘图文件中，为新建主图层添加对象。

(1) 打开一个包含 5 个页面的绘图文档，单击【对象管理器】泊坞窗左下角的【新建主图层(奇数页)】按钮，新建一个主图层，如图 8-6 所示。

图 8-6　新建主图层

计算机基础与实训教材系列

(2) 单击标准工具栏中的【导入】按钮，打开【导入】对话框。在对话框中，选中所需要的图像文件，然后单击【导入】按钮，如图 8-7 所示。

图 8-7　导入图像

(3) 图像被添加到【图层 1(奇数页)】主图层中，然后在绘图页面中选中"页 2"，单击【对象管理器】泊坞窗左下角的【新建主图层(偶数页)】按钮，新建一个主图层，如图 8-8 所示。

图 8-8　新建主图层

(4) 使用与步骤(2)相同的操作方法，打开【导入】对话框，在该对话框中选择所需要的图像文件，并将其导入到页面中，如图 8-9 所示。

(5) 选择【视图】|【页面排序器视图】命令，查看奇偶页的内容，如图 8-10 所示。

图 8-9　导入图像　　　　　　图 8-10　查看页面

⑧ 1.4　在图层中移动、复制对象

在【对象管理器】泊坞窗中，可以移动图层的位置或者将对象移动到不同的图层中，也可以将选取的对象复制到新的图层中。在图层中移动和复制对象的操作方法如下。

- ◉　要移动图层，可在图层名称上单击，将需要移动的图层选取，然后将该图层移动到新的位置，如图 8-11 所示。
- ◉　要移动对象到新的图层，可在选择对象所在的图层后，单击图层名称左边的⊞图标，展开该图层的所有子图层，然后选择要移动的对象所在的子图层，将其拖动到新的图层，当光标显示为➔▪状态时释放鼠标，即可将该对象移动到指定的图层中，如图 8-12 所示。

图 8-11　移动图层　　　　　　图 8-12　移动对象到新的图层

知识点

要在不同图层之间复制对象，可以在【对象管理器】泊坞窗中，单击需要复制的对象所在的子图层，然后按 Ctrl+C 组合键进行复制，再选择目标图层，按 Ctrl+V 组合键进行粘贴，即可将选取的对象复制到新的图层中，如图 8-13 所示。

图 8-13　图层之间复制对象

8.2 图形和文本样式

将创建好的图形或文本样式应用到其他的图形或文本对象中，可以节省大量的工作时间，避免重复操作。

图形样式包括填充和轮廓设置，可应用于矩形、椭圆形或曲线等图形对象。如果一个组合对象中使用了同一种图形样式，就可以通过编辑该图形样式同时更改该组合对象中各个对象的填充或轮廓属性。

文本样式包括文本的字体、大小、填充属性和轮廓属性等设置，它分为美术字文本和段落文本两类。通过文本样式，可以更改默认美术字和段落文本的属性。应用同一种文本样式，可以使创建的文本对象具有一致的格式。

8.2.1 创建样式或样式集

样式是一组定义对象属性的格式化属性。CorelDRAW X8 支持创建和引用轮廓、填充、段落、字符和文本框样式。还允许将样式分组为样式集。样式集是定义对象外观的样式集合。

1. 从对象创建样式

在 CorelDRAW X8 中，可以根据现有对象的属性创建图形或文本样式，也可以通过【对象样式】泊坞窗创建新的图形或文本样式。通过这两种方式创建的样式都可以被保存下来。

如果选取的对象是文本对象，在单击鼠标右键弹出的菜单中，选择【对象样式】|【从以下项新建样式】命令，弹出的子菜单中将显示【字符】、【段落】和【透明度】命令。根据需要选择要创建的样式内容，在弹出的【从以下项新建样式】对话框中为样式命名并确认，即可在【对象样式】泊坞窗中查看新建文本样式的具体设置。

【例 8-2】创建图形样式。

(1) 在绘图页面中，使用【选择】工具选择需要从中创建图形样式的对象。在对象上右击，从弹出的菜单中选择【对象样式】|【从以下项新建样式】|【填充】命令，如图 8-14 所示。

(2) 打开【从以下项新建样式】对话框，在对话框中的【新样式名称】文本框中输入"绿色填充"，然后单击【确定】按钮，即可按该对象中的填充创建新的图形样式，如图 8-15 所示。

图 8-14　选取对象　　　　　　　　　图 8-15　创建样式

（3）在打开的【对象样式】泊坞窗中，可以看见保存的图形样式。在泊坞窗中，选中刚创建的样式，还可以在泊坞窗下方显示其色彩填充的具体设置，如图 8-16 所示。

知识点

如果在选取对象后右击，在弹出的快捷菜单中选择【对象样式】|【从以下项新建样式】|【轮廓】命令，则可以创建一个只包含对象轮廓线设置的轮廓样式。

图 8-16　查看样式

2. 从对象创建样式集

样式集功能可以在一个样式设置中同时保存所选对象的填充、轮廓、字符、段落及图文框等属性，也可以将设置好的样式导出成外部样式文件，方便以后使用或发送给其他人使用，还可以将所选样式设置为默认的文档属性，为进行大型编辑内容的设计工作提供更多的帮助。选择需要创建样式集的对象后，右击，在弹出的快捷菜单中选择【对象样式】|【从以下项新建样式集】命令，即可创建出一个样式集项目；单击样式设置项目后面的【添加或删除样式】按钮，可以添加或删除该样式集中的项目内容，如图 8-17 所示。

图 8-17　创建样式集(1)

知识点

在绘图页面中选取需要创建样式集的对象后，按住鼠标并将其拖动到【对象样式】泊坞窗中的【样式集】选项上，释放鼠标即可将所选对象的设置创建为一个样式集，如图 8-18 所示。如果将对象拖动至样式上方，该对象的属性将替换该样式的属性并且将自动更新应用该样式的所有对象。另外，还可以在样式集内单击【新建子样式集】按钮创建子样式集，方便编辑出更细致对象设置效果。

图 8-18　创建样式集(2)

8 2.2　应用图形或文本样式

　　在创建新的图形或文本样式后，新绘制的对象不会自动应用该样式。要应用新建的图形样式，可以在需要应用图形样式的对象上右击，从弹出的命令菜单中选择【对象样式】|【应用样式】命令，并在展开的下一级子菜单中选择所需要的样式，如图 8-19 所示。

　　用户也可以在选择需要应用图形或文本样式的对象后，在【对象样式】泊坞窗中直接双击需要应用的图形或文本样式名称，或单击【应用于选定对象】按钮，快速地将指定的样式应用到选取的对象上。

图 8-19　应用样式

 提示

　　【对象样式】泊坞窗中的【默认对象属性】所包含的样式项目，是对文档中各种类型的对象默认的样式设置，如果需要对新建文档中所创建对象的默认设置进行修改，可以在此选择需要的样式项目并进行编辑。在需要恢复到基本的默认设置时，可以在需要恢复的样式上右击并选择【还原为新文档默认属性】命令，或直接单击该样式后面的 按钮即可。

8 2.3　编辑样式或样式集

　　在创建图形或文本样式后，如果对保存的图形或文本样式的外观属性不满意，可以对图形或文本样式进行编辑和修改。

　　【例 8-3】在绘图文件中，编辑文本样式。

　　(1) 在 CorelDRAW X8 中，打开绘图文档，并使用【选择】工具选中文字对象。将其拖动至【对象样式】泊坞窗中的【样式集】选项上，释放鼠标即可将所选对象的设置创建为一个样式集，如图 8-20 所示。

　　(2) 在泊坞窗下部的样式具体设置区中，对所选样式进行修改，然后单击【应用于选定对象】按钮即可更新应用该样式的对象，如图 8-21 所示。

图 8-20 创建样式集

图 8-21 修改样式

提示

如果需要对所选样式或样式集的填充、轮廓效果进行具体的修改，可以在内容项目列表中单击该项目后面的设置按钮，打开填充或轮廓设置对话框，完成需要的修改后单击【确定】按钮即可。

计算机基础与实训教材系列

8.2.4 断开与样式的关联

默认情况下，在修改了【对象样式】泊坞窗中的样式后，文档中所有应用了该样式的对象就会自动更新为新的样式设置。如果需要取消它们之间的联系，可以在选择对象后，右击，在弹出的菜单中选择【对象样式】|【断开与样式的关联】命令，即可使所选对象不再随该样式的修改而更新。

8.2.5 删除样式或样式集

要删除不需要的图形或文本样式，可以在【对象样式】泊坞窗中选择需要删除的样式，然后单击该样式后的 █ 按钮，或直接按 Delete 键，即可将其删除。

8.3 颜色样式

颜色样式是指应用于绘图对象的颜色集。将应用在对象上的颜色保存为颜色样式，可以方便、快捷地为其他对象应用所需要的颜色。其功能与用法与对象样式基本相同。

⑧3.1 创建颜色样式

选择【窗口】|【泊坞窗】|【颜色样式】命令，或按 Ctrl+F6 组合键，打开【颜色样式】泊坞窗。与创建对象样式相似，创建颜色样式时，新样式将被保存到活动绘图中，同时可将它应用于绘图中的对象。

创建颜色样式最简单的方法就是在选中设置了颜色效果的对象后，将其按住并拖入【颜色样式】泊坞窗的颜色样式列表中，即可将对象中包含的所有颜色分别添加到颜色样式列表中，如图 8-22 所示。

图 8-22　添加颜色样式

在【颜色样式】泊坞窗中单击【新建颜色样式】按钮，在弹出的菜单中选择【新建颜色样式】命令，即可在颜色样式列表中新建一个默认为红色的颜色样式。选中新建的颜色样式，在下面的颜色编辑器中输入需要的颜色值，即可改变新建颜色色相，如图 8-23 所示。

图 8-23　新建颜色样式

在绘图页面中的对象上右击，在弹出的菜单中选择【颜色样式】|【从选定项新建】命令，打开如图 8-24 所示的【创建颜色样式】对话框。在对话框中，选择是以对象填充、对象轮廓颜色来创建还是以填充和轮廓颜色来创建，然后根据需要选择是否将所选颜色创建为颜色和谐，单击【确定】按钮，即可将所选对象中包含的所有颜色分别添加到颜色样式列表中。

在【颜色样式】泊坞窗中单击【新建颜色样式】按钮，在弹出的菜单中选择【从文档新建】命令，或在绘图页面中的对象上右击，在弹出的菜单中选择【颜色样式】|【从文档新建】命令，然后在打开的【创建颜色样式】对话框中选择需要的设置并单击【确定】按钮，即可将当前文档中的颜色添加到【颜色样式】泊坞窗中，如图 8-25 所示。

图 8-24　从选定项新建颜色样式

知识点

　　在 CorelDRAW X8 中【颜色和谐】功能类似于对象样式中的样式集，可以将多个颜色添加在一个颜色文件夹中。创建颜色和谐的方法也基本一致，将选取的对象或颜色拖入到【颜色样式】泊坞窗中颜色和谐列表框中，或在选择文档创建颜色样式时，在【创建颜色样式】对话框中选中【将颜色样式归组至相应和谐】选项，并拖动下面的调整条或在文本框中输入需要的分组数目，即可创建对应内容的颜色和谐。

图 8-25　从文档创建颜色样式

　　【例 8-4】在绘图文件中，根据选定的对象创建颜色样式。

　　(1) 在打开的绘图文件中，使用【选择】工具选择需要从中创建颜色样式的对象，如图 8-26 所示。

　　(2) 在【颜色样式】泊坞窗中，单击【新建颜色样式】按钮，在弹出的菜单中选择【从选定项新建】命令，如图 8-27 所示。

图 8-26　选择对象

图 8-27　选择【从选定项新建】命令

(3) 在打开的【创建颜色样式】对话框中，选中【填充和轮廓】单选按钮，选中【将颜色样式归组至相应和谐】复选框，并在下面的文本框中输入 3，然后单击【确定】按钮，创建颜色样式，如图 8-28 所示。

图 8-28　创建颜色样式

8.3.2　编辑颜色样式

在 CorelDRAW X8 中，对颜色样式或颜色和谐的修改，可以直接在【颜色样式】对话框中完成。修改颜色样式后，应用了该样式的对象也会发生相应的变化。

【例 8-5】在绘图文件中，编辑颜色样式。

(1) 打开绘图文件，并选择【窗口】|【泊坞窗】|【颜色样式】命令，打开【颜色样式】泊坞窗，如图 8-29 所示。

(2) 在【颜色样式】泊坞窗中，单击【新建颜色样式】按钮，在弹出的菜单中选择【从文档新建】命令，打开【创建颜色样式】对话框，选中【将颜色样式归组至相应和谐】复选框，然后单击【确定】按钮，如图 8-30 所示。

图 8-29　打开【颜色样式】泊坞窗　　　　　图 8-30　新建颜色样式

(3) 在【颜色样式】泊坞窗中，选中需要编辑的颜色样式，然后在泊坞窗下面的【颜色编辑器】选项组中设置需要的数值，即可改变所选颜色样式的色相，如图 8-31 所示。

(4) 在【颜色样式】泊坞窗中单击一个和谐文件夹图标，选中该颜色和谐中所有颜色，然后在下面的【和谐编辑器】选项组中，按住并拖动色谱环上的颜色环，即可整体改变全部颜色样式的色相，如图 8-32 所示。

图 8-31　编辑颜色样式　　　　　　　　　　图 8-32　修改颜色和谐

⑧3.3　删除颜色样式

对于【颜色样式】泊坞窗中不需要的颜色样式，可以将其删除。要删除颜色样式，选择需要删除的颜色样式后，单击泊坞窗中的 🗑 按钮，或按 Delete 键即可。删除应用在对象上的颜色样式后，对象的外观效果不会受到影响。

⑧.4　上机练习

本章的上机练习通过制作 VIP 卡，使用户更好地掌握图形的绘制、编辑，图层和模板的创建等的基本操作方法和技巧。

(1) 选择【文件】|【新建】命令，打开【创建新文档】对话框。在对话框的【名称】文本框中输入"VIP 卡"，【大小】下拉列表中选择 A5，单击【横向】按钮，然后单击【确定】按钮，如图 8-33 所示。

(2) 在【对象管理器】泊坞窗中，右击【图层 1】名称，在弹出的菜单中选择【重命名】命令，然后在文本框中输入"卡-正面"，如图 8-34 所示。

图 8-33　新建文档

图 8-34　重命名图层

（3）选择【布局】|【页面背景】命令，打开【选项】对话框，选中【纯色】单选按钮，单击右侧的 ▼ 按钮，在弹出的下拉面板中设置页面背景颜色为 C:75 M:69 Y:64 K:26，然后单击【确定】按钮应用背景色，如图 8-35 所示。

（4）选择【矩形】工具在页面中拖动绘制矩形，再在属性栏中设置对象宽度为 90mm，高度为 55mm，【圆角半径】为 5mm。在调色板中取消轮廓色，按 F11 键打开【编辑填充】对话框。在对话框中，设置渐变色为 C:5 M:0 Y:75 K:0 到 C:0 M:17 Y:99 K:0 到 C:2 M:47 Y:98 K:0，设置【填充宽度】为 137%，【旋转】为 60°，然后单击【确定】按钮，如图 8-36 所示。

图 8-35　设置页面背景　　　　　图 8-36　绘制图形

（5）选择【椭圆形】工具，按 Shift+Ctrl 组合键在页面中单击拖动绘制圆形，并在调色板中取消轮廓色，单击白色色板填充，如图 8-37 所示。

（6）选择【窗口】|【泊坞窗】|【效果】|【透镜】命令，打开【透镜】泊坞窗。在泊坞窗中透镜类型下拉列表中选择【变亮】选项，设置【比率】为 20%，如图 8-38 所示。

图 8-37　绘制图形　　　　　图 8-38　设置透镜效果

（7）使用与步骤(5)至步骤(6)相同的操作方法绘制、调整圆形，并选中全部圆形，按 Ctrl+G 组合键进行群组，如图 8-39 所示。

（8）选择【对象】| PowerClip |【置于图文框内部】命令，当光标变为黑色箭头时，单击最先绘制的圆角矩形，如图 8-40 所示。

（9）单击标准工具栏中的【导入】按钮，打开【导入】对话框。在对话框中，选中需要导入的图形文档，单击【导入】按钮。然后在文档中单击，导入图形对象，如图 8-41 所示。

图 8-39 创建对象

图 8-40 图框精确裁剪

图 8-41 导入图像

(10) 保持导入图像的选中状态，在属性栏中单击【锁定比率】按钮，设置对象宽度为 25mm，如图 8-42 所示。

(11) 选择【文本】工具在页面中单击，在属性栏【字体列表】中选择 Arial Black，设置【字体大小】为 22pt，然后输入文字内容，如图 8-43 所示。

图 8-42 调整图像

图 8-43 添加文字

(12) 使用【选择】工具选中导入图像和输入文字，再选择【窗口】|【泊坞窗】|【对齐与分布】命令，打开【对象与分布】泊坞窗。在泊坞窗中，单击【水平居中对齐】按钮。然后，按 Ctrl+G 组合键进行组合，如图 8-44 所示。

(13) 选择【文本】工具在页面中单击，在属性栏【字体列表】中选择 Clarendon Blk BT，设置【字体大小】为 57pt，然后输入文字内容，如图 8-45 所示。

计算机 基础与实训教材系列

图 8-44　对齐对象

图 8-45　添加文字

(14) 使用【选择】工具选中刚输入的文字，按 F11 键打开【编辑填充】对话框。在对话框中，设置渐变色，并设置【旋转】数值为 90°，然后单击【确定】按钮，如图 8-46 所示。

图 8-46　填充文字

(15) 按 F12 键打开【轮廓笔】对话框，在【宽度】下拉列表中选择【细线】选项，然后单击【确定】按钮，如图 8-47 所示。

图 8-47　设置轮廓

(16) 选择【文本】工具在页面中单击，在属性栏【字体列表】中选择方正大黑_GBK，设置【字体大小】为 12pt，单击【文本属性】按钮，在打开的【文本属性】泊坞窗的【段落】选项组中设置【字符间距】为 40%，然后输入文字内容，如图 8-48 所示。

(17) 选择【文本】工具在页面中单击，在属性栏【字体列表】中选择 Arial，设置【字体大小】为 12pt，然后输入文字内容，如图 8-49 所示。

计算机基础与实训教材系列

图 8-48　添加文本(1)　　　　　　　　图 8-49　添加文本(2)

(18) 选择【选择】工具，按 Ctrl+C 组合键复制刚创建的文本，按 Ctrl+V 组合键粘贴，在调色板中单击白色色板填充复制的文字，然后右击文字，在弹出的菜单中选择【顺序】|【向后一层】命令，为文字设置投影，并按键盘上的方向键调整文字位置，如图 8-50 所示。

(19) 在【对象管理器】泊坞窗中选中"卡-正面"图层名称，单击【新建图层】按钮，新建图层并输入图层名称"卡-背面"，如图 8-51 所示。

图 8-50　设置投影　　　　　　　　　图 8-51　新建图层

(20) 选择【矩形】工具在页面中拖动绘制矩形，再在属性栏中设置对象宽度为 90mm，高度为 55mm，【圆角半径】为 5mm。在调色板中取消轮廓色，按 F11 键打开【编辑填充】对话框。在对话框中，设置渐变色为 C:0 M:16 Y:94 K:0 到 C:2 M:4 Y:93 K:0 到 C:5 M:31 Y:96 K:0，设置【填充宽度】为 135%，【旋转】为-64°，然后单击【确定】按钮，如图 8-52 所示。

图 8-52　绘制并设置图形

计算机 基础与实训教材系列

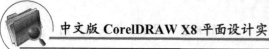

(21) 选择【矩形】工具在页面中拖动绘制矩形，再在属性栏中设置对象宽度为 90mm，高度为 12mm。在调色板中取消轮廓色，按 F11 键打开【编辑填充】对话框。在对话框中，设置渐变色，然后单击【确定】按钮，如图 8-53 所示。

图 8-53　绘制并填充图形

(22) 在【对象管理器】泊坞窗中，展开"卡-正面"图层，并选中"2 对象群组"。单击泊坞窗右上角【对象管理器选项】按钮，在弹出的菜单中选择【复制到图层】命令。当光标变为➔状态时单击"卡-背面"图层名称，如图 8-54 所示。

(23) 使用【选择】工具移动复制对象组合，并右击鼠标，在弹出的菜单中选择【顺序】|【到图层前面】命令，如图 8-55 所示。

图 8-54　复制对象　　　　　　　　　　　图 8-55　调整对象

(24) 在属性栏中设置对象原点为左下角,设置对象宽度为 15mm，如图 8-56 所示。

(25) 选择【矩形】工具在页面中拖动绘制，并在调色板中取消轮廓色，单击 C:0 M:0 Y:0 K:10 色板填充，如图 8-57 所示。

(26) 选择【文本】工具在页面中单击，在属性栏【字体列表】中选择方正大黑_GBK，设置【字体大小】为 9pt，在【文本属性】泊坞窗的【段落】选项组中设置【字符间距】为 0%，然后输入文字内容，如图 8-58 所示。

(27) 选择【文本】工具在页面中单击，在属性栏【字体列表】中选择 Arial，设置【字体大小】为 24pt，然后输入文字内容，如图 8-59 所示。

图 8-56　调整对象

图 8-57　绘制并填充图形

图 8-58　添加文字(1)

图 8-59　添加文字(2)

(28) 选择【文本】工具在页面中单击，在属性栏【字体列表】中选择方正大黑_GBK，设置【字体大小】为 10pt，然后输入文字内容，如图 8-60 所示。

(29) 选择【文本】工具在页面中单击，在属性栏【字体列表】中选择黑体，设置【字体大小】为 6pt，在【文本属性】泊坞窗的【段落】选项组中设置【字符间距】为 0%，然后输入文字内容，如图 8-61 所示。

图 8-60　添加文字(3)

图 8-61　添加文字(4)

(30) 使用【选择】工具调整输入文字的位置，选择【2点线】工具，按 Shift 键绘制直线，并在属性栏中设置【轮廓宽度】数值为 0.5，如图 8-62 所示。

(31) 选择【文件】|【保存为模板】命令，打开【保存绘图】对话框。在对话框中，单击【保存】按钮，打开【模板属性】对话框。在【模板属性】对话框的【名称】文本框中输入"VIP卡"，在【类型】下拉列表中选择【名片】选项，在【行业】下拉列表中选择【零售】选项，

在【设计员注释】文本框中输入"钻石卡设计(黄色版)",然后单击【确定】按钮将文档保存为模板,如图 8-63 所示。

图 8-62　绘制对象

图 8-63　创建模板

⑧.5　习题

1. 使用新建图层,向图层中添加对象,以及创建、应用样式的操作,制作如图 8-64 所示的版式效果。

2. 制作如图 8-65 所示的图像效果,并将其保存为模板。

图 8-64　图像效果(1)

图 8-65　图像效果(2)

编辑位图

学习目标

在 CorelDRAW X8 中，除了创建编辑矢量图形外，还可以对位图图像进行处理。它提供了多种针对位图图像色彩的编辑处理命令和功能。了解和掌握这些命令和功能的使用方法，有利于用户处理位图图像。

本章重点

- ◉ 使用位图
- ◉ 调整位图
- ◉ 描摹位图
- ◉ 艺术笔触

⑨.1 使用位图

在 CorelDRAW X8 中，不仅可以绘制各种效果的矢量图形，还可以通过导入位图，并对位图进行编辑处理，制作出更加完美的画面效果。

⑨.1.1 导入位图

选择【文档】|【导入】命令，或按 Ctrl+I 组合键，或在标准工具栏中单击【导入】按钮，或在绘图窗口中的空白位置上右击，在弹出的命令菜单中选择【导入】命令，打开如图 9-1 所示的【导入】对话框。在【导入】对话框中，选择需要导入的文件。将鼠标光标移动到文件名上停留片刻后，在光标下方会显示出该图片的尺寸、类型和大小等信息。单击对话框中的【导入】按钮可以直接导入图像，单击【导入】按钮右端的黑色三角，可以打开【导入】选项，如图 9-2 所示。

图 9-1 【导入】对话框　　　　　　　　　　图 9-2 【导入】选项

【**例 9-1**】在 CorelDRAW X8 中，导入位图图像。

(1) 选择【文件】|【导入】命令，或单击属性栏中的【导入】按钮，打开【导入】对话框，如图 9-3 所示。

(2) 在对话框中，双击需要导入的文件所在的文件夹，然后选中需要导入的文件，如图 9-4 所示。

图 9-3 打开【导入】对话框　　　　　　　图 9-4 选择导入文件

(3) 单击【导入】按钮，此时光标呈现一定状态，此时在光标后面会显示该文件的大小和导入时的操作说明。在页面上按住鼠标左键拖出一个红色虚线框，释放鼠标后，位图将以虚线框的大小被导入，如图 9-5 所示。

图 9-5 导入位图

⑨1.2 链接、嵌入位图

CorelDRAW 可以将 CorelDRAW 创建的文件作为链接或嵌入的对象插入到其他应用程序中，也可以在其中插入链接或嵌入的对象。链接的对象与其源文件之间始终保持链接；而嵌入的对象与其源文件之间没有链接关系，它是集成到当前文档中的。

1. 链接位图

链接位图与导入位图不同，导入的位图可以在 CorelDRAW 中进行修改和编辑，而链接到 CorelDRAW 中的位图不能对其进行修改。要修改链接的位图，就必须在创建源文件的应用程序中进行。

要在 CorelDRAW 中插入链接的位图，可选择【文件】|【导入】命令，在打开的【导入】对话框中选择需要链接到 CorelDRAW 中的位图，并单击【导入】按钮右侧的箭头，在弹出的菜单中选中【导入为外部链接的图像】选项即可，如图 9-6 所示。

图 9-6　链接位图

2. 嵌入位图

要在 CorelDRAW 中嵌入位图，可选择【对象】|【插入新对象】命令，打开如图 9-7 所示的【插入新对象】对话框。在对话框中，选中【由文件创建】单选按钮，此时对话框设置如图 9-8 所示。在其中选中【链接】复选框，然后单击【浏览】按钮，在弹出的【浏览】对话框中选择需要嵌入到 CorelDRAW 中的图像文件，单击【确定】按钮即可。

图 9-7　【插入新对象】对话框　　　　　　　图 9-8　由文件创建

⑨.2　调整位图

在 CorelDRAW X8 的绘图页面中添加了位图图像后，可以对位图进行裁剪、重新取样和矫正等操作。

⑨2.1　裁剪位图

对于位图的剪切，CorelDRAW X8 提供了两种方式，一种是在输入前对位图进行剪切，另一种是在输入后对位图进行剪切。

1. 导入时剪切

在导入位图的【导入】对话框中，选择【导入】下拉列表中的【裁剪并装入】选项，可以打开【裁剪图像】对话框。

【例 9-2】在 CorelDRAW X8 中，导入并裁剪位图。

(1) 选择【文件】|【导入】命令，在【导入】对话框中，选中需要导入的位图文件，并单击【导入】按钮右侧的箭头，在弹出的菜单中选择【裁剪并装入】选项，打开【裁剪图像】对话框，如图 9-9 所示。

图 9-9　打开【裁剪图像】对话框

(2) 在【裁剪图像】对话框的预览窗口中，可以拖动裁剪框四周的控制点，控制图像的裁剪范围。在控制框内按下鼠标左键并拖动，可调整控制框的位置，被框选的图像将被导入到文件中，其余部分将被裁掉。也可以在【选择要裁剪的区域】选项栏中，输入精确的数值调整裁剪框的大小，这里设置【宽度】数值为 739，【高度】数值为 553，然后在预览窗口中调整控制框的位置，再单击【确定】按钮关闭【裁剪图像】对话框，再在绘图页面中单击即可导入并裁剪图像，如图 9-10 所示。

图 9-10　导入并裁剪图像

2. 导入后剪切

在将位图导入到当前绘图文件后，还可以使用【裁剪】工具和【形状】工具对位图进行裁剪。使用【裁剪】工具可以将位图裁剪为矩形。选择【裁剪】工具，在位图上按下鼠标左键并拖动，创建一个裁剪控制框，拖动控制框上的控制点，调整裁剪控制框的大小和位置，使其框选需要保留的图像区域，然后在裁剪控制框内双击，即可将位于裁剪控制框外的图像裁剪掉，如图 9-11 所示。

使用【形状】工具可以将位图裁剪为不规则的各种形状。使用【形状】工具单击位图图像，此时在图像边角上将出现 4 个控制节点，接下来按照调整曲线形状的方法进行操作，即可将位图裁剪为指定的形状，如图 9-12 所示。

图 9-11　使用【裁剪】工具

图 9-12　使用【形状】工具

9.2.2　重新取样位图

通过重新取样，可以增加像素以保留原始图像的更多细节。在进行重新取样的时候，用户可以使用绝对值或百分比修改位图的大小；修改位图的水平或垂直分辨率；选择重新取样后的位图的处理质量等。

按 Ctrl+I 组合键打开【导入】对话框，选择需要导入的图像后，在【导入】选项下拉列表中选择【重新取样并装入】选项，打开【重新取样图像】对话框，如图 9-13 所示。在【重新取样图像】对话框中，可更改对象的尺寸大小、分辨率等，从而达到控制文件大小和图像质量的目的。

图 9-13　打开【重新取样图像】对话框

用户也可以在将图像导入到当前文件后，再对位图进行重新取样。选中导入位图后，选择【位图】|【重新取样】命令或者单击属性栏中的【对位图重新取样】按钮，打开【重新取样】对话框，如图 9-14 所示。

图 9-14 【重新取样】对话框

> **知识点**
>
> 选中【光滑处理】复选框后，可以最大限度地避免曲线外观参差不齐。选中【保持纵横比】复选框，并在【宽度】或【高度】数值框中输入适当的数值，可以保持位图的比例。也可以在【图像大小】的数值框中，根据位图原始大小输入百分比，对位图重新取样。

⑨2.3 矫正图像

使用【矫正图像】对话框可以快速矫正位图图像。在【矫正图像】对话框中，可以通过移动滑块、输入旋转角度或使用箭头键来旋转图像，并且可以使用预览窗口动态预览所做的调整。最终图像与原始图像具有相同的纵横比，但是尺寸较小。用户也可以通过对图像进行裁剪和重新取样保留该图像的原始宽度和高度；或通过禁用裁剪，然后使用【裁剪】工具在图像窗口中裁剪该图像以某个角度生成图像。选中位图后，选择【位图】|【矫正图像】命令，即可打开如图 9-15 所示的【矫正图像】窗口。

图 9-15 【矫正图像】窗口

> **知识点**
>
> 选中【裁剪图像】复选框后，才能在单击【确定】按钮后对图像执行裁剪；否则只能对图像进行旋转。

- ◉ 【网格】选项：在颜色面板中可以设置参考网格的颜色。移动滑块，可以放大或缩小网格的密度，如图 9-16 所示。
- ◉ 【更正镜头畸变】选项：拖动滑块或输入数值，可以校正图像的镜头变形。
- ◉ 【旋转图像】选项：拖动滑块或输入数值，可以顺时针或逆时针对图像进行旋转。预览窗口中将自动显示旋转后得到的最大裁剪范围图，如图 9-17 所示。
- ◉ 【垂直透视】/【水平透视】选项：拖动滑块或输入数值，可以校正图像的透视效果。
- ◉ 【裁剪图像】复选框：选中该复选框，可以裁剪编辑后的图像，并改变图像大小。

● 【裁剪并重新取样为原始大小】复选框：选中该复选框，可以使图像在被裁剪内容后，自动放大到与原图像相同的尺寸；不选中该复选框，则被裁剪后的图像大小不变。

图 9-16　设置网格

图 9-17　旋转图像

⑨2.4　使用【图像调整实验室】

　　使用【图像调整实验室】命令可以快速、轻松地校正大多数相片的颜色和色调问题。【图像调整实验室】对话框由自动和手动控件组成，这些控件按图像校正的逻辑顺序进行组织。用户不仅可以选择校正特定的图像问题所需的控件，还可以在编辑前对图像的所有区域进行裁剪或润饰。

　　【例 9-3】在 CorelDRAW X8 应用程序中，使用【图像调整实验室】命令调整图像。

　　(1) 在打开的绘图文件中，使用【选择】工具选中位图，选择【位图】|【图像调整实验室】命令，打开【图像调整实验室】对话框，如图 9-18 所示。

　　(2) 在对话框中，单击顶部的【全屏预览之前和之后】按钮，然后设置【温度】数值为 7650，【饱和度】数值为-15，查看前后调整效果。设置完成后，单击【确定】按钮应用，如图 9-19 所示。

图 9-18　【图像调整实验室】对话框

图 9-19　调整图像

提示

单击【创建快照】按钮可以捕获对图像所做的调整。快照缩略图显示在预览窗口的下面,用户可以进行比较,选择图像的最优版本,如图 9-20 所示。要删除快照,可以直接单击快照标题栏右上角的【关闭】按钮。单击【重置为原始值】按钮,可将各项设置的参数值恢复为系统默认值。

图 9-20　快照缩略图

9.3　描摹位图

CorelDRAW X8 除了具备矢量图转换为位图的功能外,同时还具备了位图转换为矢量图的功能。通过描摹位图命令,即可将位图按不同的方式转换为矢量图形。【轮廓描摹】又称为【填充描摹】,使用无轮廓的曲线对象来描摹图像,它适用于描摹剪贴画、徽标、相片图像、低质量图像和高质量图像。【轮廓描摹】方式提供了 6 种预设样式,包括线条画、徽标、详细徽标、剪贴画、低质量图像和高质量图像。

选择需要描摹的位图,然后选择【位图】|【轮廓描摹】命令,在展开的下一级子菜单中选择所需要的预设样式,然后在打开的 PowerTRACE 控件窗口中调整描摹结果。调整完成后,单击【确定】按钮即可。

【例 9-4】在 CorelDRAW X8 应用程序中,使用【中心线描摹】命令描摹位图。

(1) 在打开的绘图文件中,选择需要描摹的位图,如图 9-21 左图所示;单击属性栏中的【描摹位图】按钮,从弹出的下拉列表中选择【轮廓描摹】|【高质量图像】命令,打开 PowerTRACE 对话框,如图 9-21 右图所示。

图 9-21　PowerTRACE 对话框

(2) 在 PowerTRACE 对话框中,取消选中【移除背景】复选框,向右拖动【细节】滑块,设置【平滑】为 50,【拐角平滑度】为 100,然后单击【确定】按钮描摹位图,如图 9-22 所示。

图 9-22　描摹位图

9.4　三维效果

在 CorelDRAW X8 中，使用【三维效果】命令组可以为位图添加各种模拟的 3D 立体效果。【三维效果】命令组包含了【三维旋转】、【柱面】、【浮雕】、【卷页】、【透视】、【挤远/挤近】和【球面】7 种命令。

1．【三维旋转】命令

【三维旋转】命令用于将指定的图形对象沿水平和垂直方向旋转。在菜单栏中选择【位图】|【三维效果】|【三维旋转】命令，可以打开【三维旋转】对话框。在其中的【垂直】文本框和【水平】文本框中，可以分别设置垂直与水平旋转的角度；选中【最合适】复选框可以使经过变形后的位图适应于图框，如图 9-23 所示。

图 9-23　使用【三维旋转】

知识点

在所有命令效果对话框中，左上角的 ▣ 和 ▫ 按钮用于在双窗口、单窗口和取消预览窗口之间进行切换。将鼠标光标移动到预览窗口中，当光标变为手形状时，单击鼠标左键拖动，可平移视图；单击鼠标左键，可放大视图；右击，可缩小视图。单击【预览】按钮，可预览应用后的效果；单击【重置】按钮，可取消对话框中各选项参数的修改，返回到默认的状态。

2．【浮雕】命令

【浮雕】命令用于让图片对象产生类似浮雕的效果。在菜单栏中选择【位图】|【三维效果】|【浮雕】命令，可以打开【浮雕】对话框，如图 9-24 所示。

图 9-24　使用【浮雕】命令

【浮雕】对话框中各主要参数选项的功能如下。

- ⊙　【深度】选项：拖动滑块可以调整浮雕效果的深度。
- ⊙　【层次】选项：拖动滑块可以控制浮雕的效果，越往右拖浮雕效果越明显。
- ⊙　【方向】文本框：用来设置浮雕效果的方向。
- ⊙　【浮雕色】选项区域：在该选项区域中可以选择转换成浮雕效果后的颜色样式。

3.【卷页】命令

　　【卷页】命令用于为图片对象创建出类似于纸张翻卷的视觉效果，该效果常用于对照片进行修饰时。在菜单栏中选择【位图】|【三维效果】|【卷页】命令，可以打开【卷页】对话框，如图 9-25 所示。

图 9-25　【卷页】对话框

【卷页】对话框中各主要参数选项的功能如下。

- ⊙　【卷页类型】按钮：【卷页】对话框中提供了 4 种卷页类型，分别为【左上角】按钮、【右上角】按钮、【左下角】按钮和【右下角】按钮。打开【卷页】对话框时系统默认的是选择【右上角】卷页类型。
- ⊙　【定向】选项区域：该选项区域用于控制卷页的方向，可以设置卷页方向为水平或垂直方向。当选中【垂直的】单选按钮时，将会沿垂直方向创建卷页效果；当选中【水平】单选按钮时，将会沿水平方向创建卷页效果。
- ⊙　【纸张】选项区域：该选项区域用于控制卷页纸张的透明效果，用户可以设置不透明或透明。
- ⊙　【颜色】选项区域：该选项区域用于控制卷页及其背景的颜色。【卷曲】选项右边的色样框，显示为当前所选择的卷页颜色，单击色样按钮右边的下三角按钮，将打开颜色选择器，从中可以选择所需的颜色；也可以从当前图像中选择一种颜色作为卷页的颜色，只需单击色样框右边的吸管工具按钮，然后在图像中所想要的颜色上单击即可。

◉ 【宽度】和【高度】选项：用于设置卷页的宽度和高度。

4．【挤远/挤近】命令

【挤远/挤近】命令用于创建具有三维深度感的图形对象。在菜单栏中选择【位图】|【三维效果】|【挤远/挤近】命令，可以打开【挤远/挤近】对话框。在对话框中向左拖动滑块则设置挤近效果；向右拖动滑块则设置挤远效果，如图 9-26 所示。

图 9-26　使用【挤远/挤近】命令

5．【球面】命令

【球面】命令用于创建具有三维深度感的球面效果的图形对象。在菜单栏中选择【位图】|【三维效果】|【球面】命令，可以打开【球面】对话框。在对话框中调节滑块可以改变变形效果，向左拖动滑块，将会使变形中心周围的像素缩小，产生包围在球面内侧的效果；向右拖动滑块，将使变形中心周围的像素放大，产生包围在球面外侧的效果，如图 9-27 所示。

图 9-27　使用【球面】命令

⑨.5　艺术笔触

在【艺术笔触】命令组中，用户可以模拟各种笔触，设置图像为蜡笔画、炭笔画、立体派、印象派、钢笔画、点彩派等画面效果。它们主要用于将位图转换为传统手工绘画的效果。

1. 【炭笔画】命令

使用【炭笔画】命令可以将图像制作成如木炭绘制的画面效果。用户在绘图页面中选择图像后，选择【位图】|【艺术笔触】|【炭笔画】命令，可以打开【炭笔画】对话框，如图 9-28 所示。

图 9-28 使用【炭笔画】命令

在【炭笔画】对话框中，各主要参数选项的作用如下。

- ◉ 【大小】选项：用于控制炭粒的大小，其取值范围为 1～10。当取较大的值时，添加到图像上的炭粒较大；取较小的值时，炭粒较小。用户可以拖动该选项标尺上的滑块来调整炭粒的大小；也可以直接在右边的文本框中输入需要的数值。
- ◉ 【边缘】选项：用于控制勾边的层次，取值范围为 0～10。

2. 【蜡笔画】命令

使用【蜡笔画】命令可以将图片对象中的像素分散，从而产生蜡笔绘画的效果。用户在绘图页面中选择图像后，在菜单栏中选择【位图】|【艺术笔触】|【蜡笔画】命令，打开【蜡笔画】对话框。在对话框中拖动【大小】滑块可以设置像素分散的稠密程度；拖动【轮廓】滑块可以设置图片对象轮廓显示的轻重程度，如图 9-29 所示。

图 9-29 使用【蜡笔画】命令

3. 【立体派】命令

【立体派】命令可以将图像中相同颜色的像素组合成颜色块，形成类似立体派的绘画风格。选取位图对象后，选择【位图】|【艺术笔触】|【立体派】命令，打开如图 9-30 所示的【立体派】对话框，设置好各项参数后，单击【确定】按钮。在【立体派】对话框中，各主要参数选项的作用如下。

- ◉ 【大小】滑块：设置颜色块的色块大小。
- ◉ 【亮度】滑块：调节画面的亮度。
- ◉ 【纸张色】选项：设置背景纸张的颜色。

图 9-30 使用【立体派】命令

4. 【印象派】命令

【印象派】命令可以将图像制作成类似印象派的绘画风格。选取位图对象后，选择【位图】
|【艺术效果】|【印象派】命令，打开如图 9-31 所示的【印象派】对话框，设置好各项参数后，
单击【确定】按钮。

图 9-31 使用【印象派】命令

在【印象派】对话框中，各主要参数选项的作用如下。

- 【样式】选项组：可以设置【笔触】或【色块】样式作为构成画面的元素。
- 【技术】选项组：可以通过对【笔触】、【着色】和【亮度】3 个滑块的调整，以获得最佳的画面效果。

5. 【调色刀】命令

【调色刀】命令可以将图像制作成类似调色刀绘制的绘画效果。选取位图对象后，选择【位
图】|【艺术笔触】|【调色刀】命令，打开如图 9-32 所示的【调色刀】对话框，设置好各项参
数后，单击【确定】按钮。

图 9-32 使用【调色刀】命令

6. 【钢笔画】命令

【钢笔画】命令可以使图像产生使用钢笔和墨水绘画的效果。选取位图对象后，选择【位
图】|【艺术笔触】|【钢笔画】命令，打开如图 9-33 所示的【钢笔画】对话框。

计算机 基础与实训教材系列

图 9-33　使用【钢笔画】命令

在【钢笔画】对话框中，各主要参数选项的作用如下。

- ◉ 【样式】选项组：可以选择【交叉阴影】和【点画】两种绘画样式。
- ◉ 【密度】滑块：可以通过拖动滑块设置笔触的密度。
- ◉ 【墨水】滑块：可以通过拖动滑块设置画面颜色的深浅。

7.【点彩派】命令

【点彩派】命令可以将图像制作成由大量颜色点组成的图像效果。选取位图后，选择【位图】|【艺术笔触】|【点彩派】命令，打开【点彩派】对话框。在对话框中，设置好各项参数后，单击【确定】按钮，如图 9-34 所示。

图 9-34　使用【点彩派】命令

8.【木版画】命令

【木版画】命令可以在图像的彩色和黑白之间产生鲜明的对照点。选取位图对象后，选择【位图】|【艺术效果】|【木版画】命令，打开如图 9-35 所示的【木版画】对话框。使用【颜色】选项可以制作彩色木版画效果。使用【白色】选项可以制作黑白木版画效果。

图 9-35　使用【木版画】命令

9. 【素描】命令

使用【素描】命令可以使图像产生如素描、速写等手工绘画的效果。用户在绘图页面中选择图像后，在菜单栏中选择【位图】|【艺术笔触】|【素描】命令，打开【素描】对话框，如图9-36 所示。在【素描】对话框中，各主要参数选项的作用如下。

- ⊙ 【铅笔类型】选项区域：选择【碳色】单选按钮可以创建黑白图片对象；选择【颜色】单选按钮则可以创建彩色图片对象。
- ⊙ 【样式】选项：用于调整素描对象的平滑度，数值越大，画面就越光滑。
- ⊙ 【笔芯】选项：用于调节笔触的软硬程度，数值越大，笔触就越软，画面越精细。
- ⊙ 【轮廓】选项：用于调节素描对象的轮廓线宽度，数值越大，轮廓线就越明显。

图 9-36 使用【素描】命令

⑨.6 模糊

使用模糊效果，可以使图像画面柔化、边缘平滑、颜色调和。其中，效果比较明显的是高斯式模糊、动态模糊和放射状模糊效果。

1. 【高斯式模糊】命令

使用【高斯式模糊】命令可以使图像按照高斯分布曲线产生一种朦胧的效果。这种命令按照高斯钟形曲线来调节像素的色值，可以改变边缘比较锐利的图像的品质，提高边缘参差不齐的位图的图像质量。在选中位图后，选择【位图】|【模糊】|【高斯式模糊】命令，打开如图9-37 所示的【高斯式模糊】对话框。

图 9-37 使用【高斯式模糊】命令

在该对话框中，【半径】选项用于调节和控制模糊的范围和强度。用户可以直接拖动滑块或在文本框中输入数值设置模糊范围。该选项的取值范围为 0.1～250.0。数值越大，模糊效果越明显。

2. 【动态模糊】命令

使用【动态模糊】命令可以将图像沿一定方向创建镜头运动所产生的动态模糊效果。选取位图后，选择【位图】|【模糊】|【动态模糊】命令，打开如图 9-38 所示的【动态模糊】对话框，在其中设置好各项参数后，单击【确定】按钮即可。

图 9-38　使用【动态模糊】命令

3. 【放射状模糊】命令

使用【放射状模糊】命令可以使位图图像从指定的圆心处产生同心旋转的模糊效果。选取位图对象后，选择【位图】|【模糊】|【放射状模糊】命令，打开如图 9-39 所示的【放射状模糊】对话框，在其中拖动【数量】滑块调整模糊效果的强度后，单击【确定】按钮即可。

图 9-39　使用【放射状模糊】命令

> **知识点**
>
> 单击 🔘 按钮，在原始图像预览框中选择放射状模糊的圆心位置，单击该点后将在预览框中留下十字标记。

4. 【缩放】命令

使用【缩放】命令可以从图像的某个点往外扩散，产生爆炸的视觉冲击效果。选取位图后，选择【位图】|【模糊】|【缩放】命令，打开如图 9-40 所示的【缩放】对话框，在其中设置好【数量】值后，单击【确定】按钮即可。

图 9-40 使用【缩放】命令

9.7 颜色转换

【颜色转换】命令主要用于转换位图中的颜色。该组命令包括【位平面】、【半色调】、【梦幻色调】和【曝光】4 种命令。下面介绍最常用的【半色调】与【曝光】命令。

1．【半色调】命令

使用【半色调】命令可以使图像产生彩色网点的效果。在选取位图后，选择【位图】|【颜色变换】|【半色调】命令，打开如图 9-41 所示的【半色调】对话框。在其中设置好各项参数后，单击【确定】按钮即可。在【半色调】对话框中，各主要参数选项的作用如下。

- 分别拖动【青】、【品红】、【黄】滑块，可设置青、品红、黄 3 种颜色在色块平面中的比例。
- 【最大点半径】滑块用于设置半色调图像中最大点的半径，数值越大，半径越大。

图 9-41 使用【半色调】命令

2．【曝光】命令

使用【曝光】命令可以转换位图的颜色为相片底片的颜色，并且可以控制曝光的强度以产生不同的曝光效果。在绘图页面中选择图像，再选择【位图】|【颜色变换】|【曝光】命令，打开【曝光】对话框。在该对话框中，可以拖动【层次】滑块设置图像曝光效果的强度。其数值越大，曝光强度也越大，如图 9-42 所示。

图 9-42　使用【曝光】命令

9.8　创造性

应用【创造性】命令可以为图像添加各种具有创意的画面效果。该命令组包含了【工艺】、【晶体化】、【织物】、【框架】、【玻璃砖】、【儿童游戏】、【马赛克】、【粒子】、【散开】、【茶色玻璃】、【彩色玻璃】、【虚光】、【漩涡】及【天气】命令。

1.【晶体化】命令

使用【晶体化】命令可以使位图图像产生类似于晶体块状组合的画面效果。选取位图后，选择【位图】|【创造性】|【晶体化】命令，打开【晶体化】对话框，拖动【大小】滑块设置晶体化的大小参数后，单击【确定】按钮即可，如图 9-43 所示。

图 9-43　使用【晶体化】命令

2.【框架】命令

使用【框架】命令可以使图像边缘产生艺术的抹刷效果。选取位图后，选择【位图】|【创造性】|【框架】命令，打开【框架】对话框，如图 9-44 所示。

图 9-44　使用【框架】命令

【选择】选项卡可以选择不同的框架样式，如图 9-45 所示。【修改】选项卡可以对选择的框架样式进行修改，如图 9-46 所示。

图 9-45 【选择】选项卡

图 9-46 【修改】选项卡

3. 【马赛克】命令

使用【马赛克】命令可以使位图图像产生类似于马赛克拼接成的画面效果。选取位图后，选择【位图】|【创造性】|【马赛克】命令，打开【马赛克】对话框，在其中设置好【大小】参数、背景色，并选中【虚光】复选框后，单击【确定】按钮即可，如图 9-47 所示。

图 9-47 使用【马赛克】命令

4. 【粒子】命令

使用【粒子】命令可以在图像上添加星点或气泡的效果。选取位图后，选择【位图】|【创造性】|【粒子】命令，打开【粒子】对话框，设置好各项参数后，单击【确定】按钮即可，如图 9-48 所示。

图 9-48 使用【粒子】命令

5. 【散开】命令

使用【散开】命令可以使位图对象散开成颜色点的效果。选取位图后，选择【位图】|【创造性】|【散开】命令，打开如图 9-49 所示的【散开】对话框，设置好【水平】和【垂直】参数后，单击【确定】按钮即可。

图 9-49 使用【散开】命令

6. 【虚光】命令

使用【虚光】命令可以使图像周围产生虚光的画面效果，【虚光】对话框如图 9-50 所示。

图 9-50 使用【虚光】命令

在【虚光】对话框中，各主要参数选项的作用如下。

- ◉ 【颜色】选项组：用于设置应用于图像中的虚光颜色，包括【黑】、【白色】和【其他】选项。
- ◉ 【形状】选项组：用于设置应用于图像中的虚光形状，包括【椭圆形】、【圆形】、【矩形】和【正方形】选项。
- ◉ 【调整】选项组：用于设置虚光的偏移距离和虚光的强度。

7. 【天气】命令

使用【天气】命令可以在位图图像内部模拟雨、雪、雾的天气效果。【天气】对话框如图 9-51 所示。

图 9-51 使用【天气】命令

9.9　扭曲

使用【扭曲】命令可以对图像创建扭曲变形的效果。该命令组包含了【块状】、【置换】、【偏移】、【像素】、【龟纹】、【旋涡】、【平铺】、【湿画笔】、【涡流】以及【风吹】命令。

1. 【置换】命令

使用【置换】命令可以使图像被预置的波浪、星形或方格等图形置换出来，产生特殊的效果。选取位图后，选择【位图】|【扭曲】|【置换】命令，打开如图 9-52 所示的【置换】对话框。

图 9-52　使用【置换】命令

在【置换】对话框中，各主要参数选项的作用如下。

- ⊙ 【缩放模式】选项组：可选择【平铺】或【伸展适合】的缩放模式。
- ⊙ 【未定义区域】下拉列表：可选择【重复边缘】或【环绕】选项。
- ⊙ 【缩放】选项组：拖动【水平】或【垂直】滑块可调整置换的大小密度。
- ⊙ 【置换样式】列表框：可选择程序提供的置换样式。

2. 【偏移】命令

使用【偏移】命令可以使图像产生画面对象的位置偏移效果。选取位图后，选择【位图】|【扭曲】|【偏移】命令，打开【偏移】对话框，在其中设置好各项参数后，单击【确定】按钮即可，如图 9-53 所示。

图 9-53　使用【偏移】命令

3. 【龟纹】命令

使用【龟纹】命令可以使图像按照设置，对位图中的像素进行颜色混合，产生畸变的波浪效果，如图 9-54 所示。

图 9-54　使用【龟纹】命令

在【龟纹】对话框中，各主要参数选项的作用如下。

- ⦿ 【主波纹】选项组：拖动【周期】和【振幅】滑块，可调整纵向波纹的周期及振幅。
- ⦿ 【优化】选项组：可以单击【速度】或【质量】单选按钮。
- ⦿ 【垂直波纹】复选框：选中该复选框，可以为图像添加正交的波纹，拖动【振幅】滑块，可以调整正交波纹的振动幅度。
- ⦿ 【扭曲龟纹】复选框：选中该复选框，可以使位图中的波纹发生变形，形成干扰波。
- ⦿ 【角度】拨盘：可以设置波纹的角度。

4. 【旋涡】命令

使用【旋涡】命令可以使图像产生顺时针或逆时针的旋涡变形效果。选取位图后，选择【位图】|【扭曲】|【旋涡】命令，打开【旋涡】对话框，在该对话框中设置好各项参数后，单击【确定】按钮即可，如图 9-55 所示。

图 9-55　使用【旋涡】命令

5. 【湿画笔】命令

【湿画笔】命令可以使图像产生类似于油漆未干时，往下流淌的画面效果。选取位图后，选择【位图】|【扭曲】|【湿画笔】命令，打开如图 9-56 所示的【湿画笔】对话框，在对话框中设置好各项参数后，单击【确定】按钮即可。

在【湿画笔】对话框中，各主要参数选项的作用如下。

- ⦿ 【润湿】滑块：拖动该滑块，可以设置图像中各个对象的油滴数目。数值为正时，从上往下流；数值为负时，则从下往上流。
- ⦿ 【百分比】滑块：拖动该滑块，可以设置油滴的大小。

图 9-56　使用【湿画笔】命令

6.【涡流】命令

使用【涡流】命令可以使图像产生无规则的条纹流动效果。选取位图对象后，选择【位图】|【扭曲】|【涡流】命令，打开如图 9-57 所示的【涡流】对话框，在对话框中设置好各项参数后，单击【确定】按钮即可。

在【涡流】对话框中，各主要参数选项的作用如下。

- 【间距】滑块：可以设置各个涡流之间的间距。
- 【擦拭长度】滑块：可以设置涡流擦拭的长度。
- 【扭曲】滑块：可以设置涡流扭曲的程度。
- 【条纹细节】滑块：可以设置条纹细节的丰富程度。
- 【样式】下拉列表：展开该下拉列表，可以设置涡流的样式。

图 9-57　使用【涡流】命令

⑨.10　上机练习

本章的上机练习通过制作婚礼邀请卡的综合实例，使用户更好地掌握位图的导入、编辑等的基本操作方法和技巧。

(1) 选择【文件】|【新建】命令，打开【创建新文档】对话框。在对话框中的【名称】文本框中输入"婚礼邀请卡"，设置【宽度】数值为 165mm，【高度】数值为 130mm，然后单击【确定】按钮，如图 9-58 所示。

(2) 在标准工具栏中单击【导入】按钮，打开【导入】对话框。在对话框中，选中需要导入的文档，单击【导入】按钮，如图 9-59 所示。

图 9-58　创建新文档　　　　　　　　　　图 9-59　导入图像

（3）在页面中单击，导入图像。在属性栏中，设置对象高度为 130mm。然后打开【对齐与分布】泊坞窗，在【对齐对象到】选项区中单击【页面边缘】按钮，再在【对齐】选项区中单击【左对齐】和【顶端对齐】按钮，如图 9-60 所示。

（4）按 Ctrl+C 组合键复制，Ctrl+V 组合键粘贴。选择【位图】|【艺术笔触】|【调色刀】命令，打开【调色刀】对话框。单击■按钮，设置【刀片尺寸】数值为 30，【柔软边缘】数值为 5，然后单击【确定】按钮，如图 9-61 所示。

图 9-60　编辑图像　　　　　　　　　　图 9-61　应用【调色刀】效果

（5）选择【透明度】工具，在属性栏中单击【均匀透明度】按钮，单击【合并模式】按钮，从弹出的下拉列表中选择【屏幕】选项，如图 9-62 所示。

（6）选中两幅图像，按 Ctrl+G 组合键组合对象。双击【矩形】工具创建与页面同等大小的矩形，并按 Shift+PageUp 组合键将其放置在图层最上方，如图 9-63 所示。

图 9-62　设置透明度效果　　　　　　　　图 9-63　绘制图形

(7) 选中组合图像，选择【对象】| PowerClip |【置于图文框内部】命令，然后单击绘制的矩形，并将轮廓色设置为无，如图 9-64 所示。

(8) 选择【矩形】工具绘制图形，在属性栏中取消选中【锁定比率】按钮，设置对象宽度为 100mm，对象高度为 90mm。在调色板中，设置轮廓色为无，填充色为白色。然后在【对齐与分布】泊坞窗中，单击【水平居中对齐】按钮和【垂直居中对齐】按钮，如图 9-65 所示。

图 9-64　图框精确裁剪

图 9-65　绘制图形

(9) 打开【变换】泊坞窗，单击【大小】按钮，设置 X 数值为 95，【副本】数值为 1，然后单击【应用】按钮，如图 9-66 所示。

(10) 将刚创建的矩形填充色设置为无，在【对象属性】泊坞窗中单击【轮廓】按钮，设置【轮廓宽度】数值为 1mm，【轮廓颜色】为黑色，如图 9-67 所示。

图 9-66　变换图形

图 9-67　编辑图形

(11) 选择【对象】|【将轮廓转换为对象】命令，然后选中步骤(8)中创建的矩形，然后在属性栏中，单击【移除前面对象】按钮，如图 9-68 所示。

(12) 选择【标题形状】工具，在属性栏中单击【完美形状】按钮，从弹出的下拉列表框中选择形状，然后在页面中单击拖动绘制图形，如图 9-69 所示。

(13) 选择【文本】工具在页面中单击，在属性栏中设置字体为 Baskerville Old Face，字体大小为 12pt，然后输入文字内容。再使用【选择】工具调整输入文字的位置，如图 9-70 所示。

(14) 将文字颜色设置为白色，然后使用【选择】工具选中步骤(12)中绘制的图形，在调色板中将轮廓色设置为白色，在属性栏中设置【轮廓宽度】数值为 0.25mm，在【对象属性】泊坞窗中单击【填充】按钮，再单击【均匀填充】按钮，并设置填充色为 C:0 M:91 Y:70 K:0，如图 9-71 所示。

图 9-68　修整图形

图 9-69　绘制图形

图 9-70　输入文字

图 9-71　编辑图形

(15) 选择【文本】工具在页面中单击，在【对象属性】泊坞窗中设置字体为 Brush Script Std，字体大小为 36pt，字体填充色为 C:0 M:91 Y:70 K:0，然后输入文字内容，如图 9-72 所示。

(16) 使用【文本】工具选中文字，在【对象属性】泊坞窗中设置字体大小为 16pt，如图 9-73 所示。

图 9-72　输入文字

图 9-73　编辑文字

(17) 选择【文本】工具在页面中单击，在属性栏中单击【文本对齐】按钮，从弹出的下拉列表中选择【居中】选项；在【对象属性】泊坞窗中，设置字体为 Baskerville Old Face，字体大小为 14pt，字体填充色为 C:50 M:55 Y:100 K:5，然后输入文字内容，如图 9-74 所示。

(18) 使用【文本】工具选中文字，在【对象属性】泊坞窗中设置字体为 Edwardian Script ITC，字体大小为 36pt，字体填充色为 C:0 M:91 Y:70 K:0，如图 9-75 所示。

(19) 使用【选择】工具调整步骤(15)至步骤(18)中创建的文本对象的位置，然后在【对齐与分布】泊坞窗中，单击【水平居中对齐】按钮，如图 9-76 所示。

图 9-74　输入文字　　　　　　　　　图 9-75　编辑文字

(20) 在标准工具栏中单击【导入】按钮，打开【导入】对话框。在对话框中，选中需要导入的文档，单击【导入】按钮，如图 9-77 所示。

图 9-76　编辑对象　　　　　　　　　图 9-77　导入图像

(21) 单击导入图像，在属性栏中选中【锁定比率】按钮，设置【缩放因子】数值为 15%，然后调整其位置，如图 9-78 所示。

(22) 打开【变换】泊坞窗，单击【缩放和镜像】按钮，再单击【水平镜像】按钮，设置【副本】数值为 1，然后单击【应用】按钮。然后调整对象位置，如图 9-79 所示。

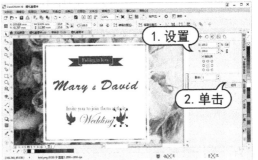

图 9-78　编辑图像　　　　　　　　　图 9-79　变换图像

(23) 选中步骤(11)中创建的对象，选择【透明度】工具，在属性栏中单击【均匀透明度】按钮，设置【透明度】数值为 30，如图 9-80 所示。

(24) 在标准工具栏中单击【保存】按钮，打开【保存绘图】对话框。在对话框中，单击【保存】按钮保存，如图 9-81 所示。

图 9-80　设置透明度效果

图 9-81　保存绘图

9.11　习题

1. 使用描摹位图的方式，将如图 9-82 所示的位图图像转换为矢量图。
2. 使用【艺术笔触】命令组中的【水彩画】命令，制作如图 9-83 所示的贺卡效果。

图 9-82　描摹图像

图 9-83　贺卡效果

表格的创建与处理

第10章

学习目标

在 CorelDRAW X8 中，可以根据需要导入或创建表格对象，并且可以编辑表格的外观样式。使用表格有利于用户更加方便地规划设计版面布局，添加图像和文字。

本章重点

- ⊙ 添加表格
- ⊙ 文本与表格的转换
- ⊙ 编辑表格
- ⊙ 向表格中添加图形、图像

10.1　添加表格

【表格】工具围是 CorelDRAW X8 中非常实用的工具，其使用方法与 Word 中的表格工具类似。使用该工具不仅可以绘制一般的数据表格，还可以将它用于设计绘图版面。创建表格后，还可以对其进行各种编辑、添加背景和文字等。

要在绘图文件中添加表格，先选择工具箱中的【表格】工具，然后在绘图窗口中按下鼠标左键，并沿对角线方向拖动鼠标，即可绘制表格。

在选择【表格】工具后，可以通过属性栏设置表格属性。用户也可以在绘制表格后，再选中表格或部分单元格，通过【表格】工具属性栏，修改整个表格或部分单元格的属性，如图 10-1 所示。

图 10-1　【表格】工具属性栏

- ⊙ 【行数和列数】数值框：可以设置表格的行数和列数。

- ◉ 【背景】下拉列表：在弹出的下拉面板中可以选择所需要的颜色，如图 10-2 所示。单击【背景】选项右侧的【编辑填充】按钮 ，在弹出的【均匀填充】对话框中，也可以设置所需要的表格背景颜色。

- ◉ 【轮廓宽度】下拉列表：在弹出的下拉列表中，可以选择所需的轮廓宽度，如图 10-3 所示。

- ◉ 【边框选择】按钮 ：单击该按钮，在弹出的下拉列表中，可以选择所需要修改的表格边框部分，如图 10-4 所示。指定需要修改的边框部分后，所设置的边框属性只对指定的边框起作用。

- ◉ 【轮廓颜色】选项：单击边框颜色选取器，可以设置边框颜色。

图 10-2 【背景】选项

图 10-3 【轮廓宽度】选项

图 10-4 【边框选择】选项

- ◉ 【选项】按钮：单击该按钮，可以打开下拉面板，如图 10-5 所示。选中【在键入时自动调整单元格大小】复选框，系统将会根据输入文字的多少自动调整单元格的大小，以显示全部文字。选中【单独的单元格边框】复选框，然后在【水平单元格间距】数值框中输入数值，可以修改表格中的单元格边框间距。默认状态下，垂直单元格间距与水平单元格间距相等。如果要单独设置水平和垂直单元格间距，可单击【锁定】按钮，解除【水平单元格间距】和【垂直单元格间距】间的锁定状态，然后在【水平单元格间距】和【垂直单元格间距】数值框中输入所需的间距值。

知识点

另外，用户也可以通过选择菜单栏中的【表格】|【创建新表格】命令，然后在【创建新表格】对话框中的【行数】、【栏数】、【高度】以及【宽度】数值框中键入相关数值，来创建表格，如图 10-6 所示。

图 10-5 【选项】选项

图 10-6 【创建新表格】对话框

【例 10-1】在绘图文档中，创建所需表格。

(1) 选择菜单栏中的【表格】|【创建新表格】命令，打开【创建新表格】对话框。在对话框中，设置【行数】为 10、【栏数】为 3、【高度】为 80mm，【宽度】为 200mm，然后单击【确定】按钮创建表格，如图 10-7 所示。

图 10-7　创建表格

(2) 在属性栏中，单击【边框选择】按钮，在弹出的下拉列表中选择【外部】选项。在【轮廓宽度】下拉列表中选择 1mm，单击【轮廓颜色】下拉面板设置颜色为 C:40 M:90 Y:100 K:5，如图 10-8 所示。

(3) 在属性栏中，单击【边框选择】按钮，在弹出的下拉列表中选择【内部】选项，按 F12 键打开【轮廓笔】对话框。在对话框的【颜色】下拉列表中设置颜色为 C:20 M:70 Y:65 K:0，在【宽度】下拉列表中选择【细线】选项，在【样式】下拉列表中选择虚线样式，然后单击【确定】按钮应用，如图 10-9 所示。

图 10-8　设置外部轮廓　　　　　　　　　　图 10-9　设置内部轮廓

(4) 在属性栏中，单击【背景】下拉面板，设置背景颜色为 C:0 M:0 Y:25 K:0，填充表格背景，如图 10-10 所示。

图 10-10　填充表格

⑩.2 导入表格

在 CorelDRAW X8 中，用户可以将 Excel 或 Word 应用程序创建的电子表格文档导入到绘图文件中。选择菜单栏中的【文件】|【导入】命令，在打开的【导入】对话框中选择需要导入的电子表格文档即可。

【例 10-2】在绘图文件中，导入 Word 应用程序创建的表格。

(1) 选择【文件】|【导入】命令，打开【导入】对话框。在对话框中，选择存储文本文件的驱动器和文件夹，然后选中 Word 创建的表格文件，如图 10-11 所示。

(2) 单击【导入】按钮打开【导入/粘贴文本】对话框。在对话框的【将表格导入为】下拉列表框中选择【表格】，并选中【保持字体和格式】单选按钮，如图 10-12 所示。

图 10-11　选择 Word 文档　　　　　　　图 10-12　【导入/粘贴文本】对话框

 知识点

【保持字体和格式】单选按钮用于导入应用于文本的所有字体和格式。【仅保持格式】单选按钮用于导入应用于文本的所有格式。【摒弃字体和格式】单选按钮用于忽略应用于文本的所有字体和格式。

(3) 设置完成后，单击【确定】按钮，即可将表格导入到绘图文件中，如图 10-13 所示。

图 10-13　导入表格

⑩.3 文本与表格的转换

在 CorelDRAW X8 中，除了可以使用【表格】工具绘制表格外，还可以将选定的文本对象创建为表格。另外，用户也可以将绘制好的表格转换为相应的段落文本。

10.3.1　将文本转换为表格

选择需要创建为表格的文本对象，然后选择【表格】|【将文本转换为表格】命令，打开如图10-14 所示的【将文本转换为表格】对话框，在该对话框中进行相关设置，可将文本转换为表格。

图 10-14　【将文本转换为表格】对话框

> ### 知识点
>
> 【逗号】单选按钮用于在逗号显示处创建一个列，在段落标记显示处创建一个行。【制表位】单选按钮用于创建一个显示制表位的列和一个显示段落标记的行。【段落】单选按钮用于创建一个显示段落标记的列。【用户定义】单选按钮用于创建一个显示指定标记的列和一个显示段落标记的行。

10.3.2　将表格转换为文本

在 CorelDRAW X8 中，还可以将表格文本转换为段落文本。选择需要转换为文本的表格，然后选择菜单栏中的【表格】|【将表格转换为文本】命令，打开【将表格转换为文本】对话框。在对话框中设置单元格文本分隔依据，然后单击【确定】按钮，即可将表格转换为文本，如图10-15 所示。

图 10-15　将表格转换为文本

10.4　编辑表格

使用【表格】工具创建表格后，用户还可以更改表格的属性和格式、合并和拆分单元格、在表格中插入行或列等，轻松创建所需要的表格类型。

10.4.1 选择、移动和浏览表格组件

要对表格进行编辑必须先选择表格、表格行、表格列或表格单元格，然后才能进行插入行或列、更改表格边框属性、添加背景填充颜色或编辑其他表格属性等操作。用户可以将选定的行或列移至表格中的新位置；也可以从一个表格中复制或剪切一行或列，然后将其粘贴到另一个表格中。

1. 选择表格组件

在处理表格的过程中，都需要对要处理的表格、单元格、行或列进行选择。在 CorelDRAW X8 中选择表格内容，可以通过下列方法。

- ◉ 选择表格：选择【表格】|【选择】|【表格】命令。或将【表格】工具指针悬停在表格的左上角，直到出现对角箭头◢为止，然后单击鼠标，如图 10-16 所示。
- ◉ 选择行：在行中单击，然后选择【表格】|【选择】|【行】命令。或将【表格】工具指针悬停在要选择的行左侧的表格边框上，当水平箭头▶出现后，单击该边框选择此行，如图 10-17 所示。

图 10-16　选择表格　　　　　　　　图 10-17　选择行

- ◉ 选择列：在列中单击，然后选择【表格】|【选择】|【列】命令。或将【表格】工具指针悬停在要选择的列的顶部边框上，当垂直箭头▼出现后，单击该边框选择此列，如图 10-18 所示。
- ◉ 选择单元格：使用【表格】工具在单元格中单击，然后选择【表格】|【选择】|【单元格】命令。或使用【表格】工具在单元格中双击，然后按 Ctrl+A 组合键来选择单元格，如图 10-19 所示。

图 10-18　选择列　　　　　　　　图 10-19　选择单元格

 提示

按住 Ctrl 键，将【表格】工具指针悬停在单元格上，当出现加号标志时单击，可选择该单元格，如图 10-20 所示。使用相同方法，将【表格】工具指针悬停在单元格上，当出现加号标志时，横向拖动鼠标可以选择表格行，纵向拖动可以选择表格列，如图 10-21 所示。

设计组人员联系单		
姓名	电话	电子邮箱
Lisa	01-9534-3785	lisa@company.com
Susan	01-9534-2481	susan@company.com
Tom	01-9534-6584	tom@company.com
Johnny	01-9238-4652	johnny@company.com
Kevin	01-3515-4023	kevin@company.com
Helen	01-3584-6835	helen@company.com
Jeff	01-5684-3584	jeff@company.com

图 10-20　选择表格单元格

设计组人员联系单		
姓名	电话	电子邮箱
Susan	01-9534-2481	susan@company.com
Tom	01-9534-6584	tom@company.com
Johnny	01-9238-4652	johnny@company.com
Kevin	01-3515-4023	kevin@company.com
Lisa	01-9534-3785	lisa@company.com
Helen	01-3584-6835	helen@company.com
Jeff	01-5684-3584	jeff@company.com

图 10-21　选择表格行

2. 移动表格组件

在创建表格后，可以将表格的行或列移动到该表格的其他位置，或其他表格中。选择要移动的行或列，将行或列拖动到表格中的其他位置即可，如图 10-22 所示。

设计组人员联系单		
姓名	电话	电子邮箱
Lisa	01-9534-3785	lisa@company.com
Susan	01-9534-2481	susan@company.com
Tom	01-9534-6584	tom@company.com
Johnny	01-9238-4652	johnny@company.com
Kevin	01-3515-4023	kevin@company.com
Helen	01-3584-6835	helen@company.com
Jeff	01-5684-3584	jeff@company.com

姓名	电话	电子邮箱
Lisa	01-9534-3785	lisa@company.com
Susan	01-9534-2481	susan@company.com
Tom	01-9534-6584	tom@company.com
设计组人员联系单		
Johnny	01-9238-4652	johnny@company.com
Kevin	01-3515-4023	kevin@company.com
Helen	01-3584-6835	helen@company.com
Jeff	01-5684-3584	jeff@company.com

图 10-22　移动表格组件

要将表格组件移动到另一表格中，可以选择要移动的表格行或列，然后选择【编辑】|【剪切】命令，并在另一表格中选择要插入的位置，再选择【编辑】|【粘贴】命令，在打开的【粘贴行】或【粘贴列】对话框中选择所需的选项，然后单击【确定】按钮，如图 10-23 所示。

图 10-23　【粘贴行】和【粘贴列】对话框

3. 浏览表格组件

将【表格】工具插入单元格中，然后按 Tab 键。如果是第一次在表格中按 Tab 键，则从【Tab 键顺序】列表框中选择 Tab 键顺序选项。用户也可以选择【工具】|【选项】命令，打开【选项】对话框，在【工作区】中的【工具箱】类别列表中，单击【表格工具】选项，如图 10-24 所示。

图 10-24　设置浏览表格方式

> **知识点**
>
> 在【表格工具】选项区中，可以选中【移至下一个单元格】单选按钮；从【Tab 键顺序】列表框中，选择【从左向右、从上向下】或【从右向左、从上向下】选项。

计算机 基础与实训教材系列

⑩4.2 插入和删除表格行、列

在绘图过程中，可以根据图形或文字编排的需要，在绘制的表格中插入行和列，也可以从表格中删除行和列。

1. 插入表格行、列

在表格中选择一行或列后，选择【表格】|【插入】命令可以为现有的表格添加行和列，并且可以指定添加的行、列数。

◎ 要在选定行的上方插入一行，可以选择【表格】|【插入】|【行上方】命令，或右击鼠标，在弹出的快捷菜单中选择【插入】|【行上方】命令，如图 10-25 所示。

图 10-25　插入行

◎ 要在选定行的下方插入一行，可以选择【表格】|【插入】|【行下方】命令，或右击鼠标，在弹出的快捷菜单中选择【插入】|【行下方】命令。

◎ 要在选定列的左侧插入一列，可以选择【表格】|【插入】|【列左侧】命令，或右击鼠标，在弹出的快捷菜单中选择【插入】|【列左侧】命令，如图 10-26 所示。

图 10-26　插入列

◎ 要在选定列的右侧插入一列，可以选择【表格】|【插入】|【列右侧】命令，或右击鼠标，在弹出的快捷菜单中选择【插入】|【列右侧】命令。

◎ 要在选定行的上下插入多个行，可以选择【表格】|【插入】|【插入行】命令，或右击鼠标，在弹出的快捷菜单中选择【插入】|【插入行】命令，在打开的【插入行】对话框的【行数】数值框中键入一个值，再选中【在选定行上方】单选按钮或【在选定行下方】单选按钮，然后单击【确定】按钮即可，如图 10-27 所示。

◎ 要在选定列的左右插入多个列，选择【表格】|【插入】|【插入列】命令，或右击鼠标，在弹出的快捷菜单中选择【插入】|【插入列】命令，在打开的【插入列】对话

框的【栏数】数值框中键入一个值，再选中【在选定列左侧】单选按钮或【在选定列右侧】单选按钮，然后单击【确定】按钮即可，如图 10-28 所示。

图 10-27 插入多行

图 10-28 插入多列

2. 删除表格行、列

绘制表格后，还可以删除不需要的单元格、行或列来满足编辑的需要。使用【形状】工具选择要删除的行或列，选择菜单栏中的【表格】|【删除】|【行】命令或【表格】|【删除】|【列】命令，或右击鼠标，在弹出的菜单中选择【删除】|【行】或【列】命令即可。

⑩4.3 调整表格单元格、行和列的大小

在 CorelDRAW X8 中，可以调整表格单元格、行和列的大小；也可以更改某行或列的大小，并对其进行分布以使所有行或列大小相同。使用【表格】工具单击表格，选择要调整大小的单元格、行或列，然后在属性栏上的数值框中键入数值即可调整单元格、行或列的大小，如图 10-29 所示。

图 10-29 调整单元格大小

另外，选择【表格】|【分布】|【行均分】命令，可以使所有选定的行高度相同。选择【表格】|【分布】|【列均分】命令，可以使所有选定的列宽度相同，如图 10-30 所示。

图 10-30　列均分

10 4.4　合并、拆分表格和单元格

在绘制表格时，可以通过合并相邻单元格、行和列，或拆分单元格来更改表格的配置方式。如果合并表格单元格，则左上角单元格的格式将应用于所有合并的单元格。

合并单元格的操作非常简单，选择多个单元格后，选择菜单栏中的【表格】|【合并单元格】命令，或直接单击属性栏中的【合并单元格】按钮，即可将其合并为一个单元格，如图 10-31 所示。

图 10-31　合并单元格

选择合并后的单元格，选择【表格】|【拆分单元格】命令，或单击属性栏中的【撤销合并】按钮，即可将其拆分。拆分后的每个单元格格式保持拆分前的格式不变，如图 10-32 所示。

图 10-32　拆分单元格

如果要拆分单元格，选择需要拆分的单元格，然后选择【表格】|【拆分为行】或【拆分为列】命令，打开如图 10-33 所示或如图 10-34 所示的【拆分单元格】对话框，在其中设置拆分的行数或栏数后，单击【确定】按钮即可。用户也可以通过单击属性栏中的【水平拆分单元格】按钮或【垂直拆分单元格】按钮打开【拆分单元格】对话框。

图 10-33 设置行数

图 10-34 设置栏数

10.4.5 格式化表格和单元格

在 CorelDRAW X8 中，可以通过修改表格和单元格边框来更改表格的外观，如可以更改表格边框的宽度或颜色。此外，还可以更改表格单元格页边距和单元格边框间距。单元格页边距用于调整单元格边框和单元格中的文本之间的间距。

1．为表格、单元格填充颜色

绘制表格后，可以像其他图形对象一样为其填充颜色。使用【表格】工具选中表格或单元格后，可以在属性栏中设置填充颜色，也可以在调色板中直接单击需要的颜色色板填充。

2．处理表格中的文本

在 CorelDRAW X8 中，可以轻松地向表格单元格中添加文本。表格单元格中的文本被视为段落文本。用户可以像修改其他段落文本那样修改表格文本，如可以更改字体、添加项目符号、设置缩进数值等。在新表格中键入文本时，用户还可以选择自动调整表格单元格的大小。

【例 10-3】在绘图文档中，格式化表格。

(1) 选择菜单栏中的【表格】|【创建新表格】命令，打开【创建新表格】对话框。在对话框中，设置【行数】为 8、【栏数】为 5、【高度】为 80mm，【宽度】为 200mm，然后单击【确定】按钮创建表格，如图 10-35 所示。

图 10-35 创建新表格

(2) 选择【表格】工具，使用【表格】工具选中表格的最上面一行，然后单击属性栏中的【合并单元格】按钮，如图 10-36 所示。

(3) 使用【表格】工具在合并后的单元格中单击插入光标，在属性栏的【字体列表】下拉列表中选择【方正大黑简体】，设置【字体大小】为 18pt；单击【文本对齐】按钮，在下拉列表中选择【居中】；单击【垂直对齐】按钮，在下拉列表中选择【居中垂直对齐】，然后输入文字内容，如图 10-37 所示。

图 10-36　合并单元格

(4) 使用与步骤(2)至步骤(3)相同的操作方法选中并合并第六行单元格，并设置字体为【方正大标宋简体】，【字体大小】为 14pt，然后输入文字内容，如图 10-38 所示。

图 10-37　设置文本(1)

图 10-38　设置文本(2)

(5) 使用【表格】工具在第二行第一个单元格中单击插入光标，在属性栏的【字体列表】下拉列表中选择【方正大标宋简体】，设置【字体大小】为 12pt；单击【文本对齐】按钮，在下拉列表中选择【居中】；单击【垂直对齐】按钮，在下拉列表中选择【居中垂直对齐】，然后输入文字内容，如图 10-39 所示。

(6) 按键盘上的 Tab 键，选择相邻的单元格。使用与步骤(5)相同的操作方法，输入表格中其他的文字内容，如图 10-40 所示。

图 10-39　输入文本(1)

图 10-40　输入文本(2)

(7) 使用【表格】工具选中全部单元格，在属性栏中单击【边框选择】按钮，在弹出的列表中选择【外部】选项，设置【轮廓宽度】数值为 1.0mm，并在【轮廓颜色】下拉面板中将轮廓颜色设置为 C:0 M:80 Y:80 K:0，如图 10-41 所示。

(8) 在属性栏中单击【边框选择】按钮，在弹出的列表中选择【内部】选项，设置【轮廓宽度】为 0.25mm，并在【轮廓颜色】下拉面板中将轮廓颜色设置为 C:0 M:80 Y:80 K:0，如图 10-42 所示。

图 10-41 设置轮廓(1)

图 10-42 设置轮廓(2)

(9) 使用【表格】工具选中表格第一行单元格,并在属性栏中的【填充色】下拉面板中,将背景色设置为 C:0 M:45 Y:60 K:0,如图 10-43 所示。

(10) 使用与步骤(9)相同的操作方法,将第二行背景色设置为 C:0 M:15 Y:40 K:0,如图 10-44 所示。

图 10-43 填充单元格(1)

图 10-44 填充单元格(2)

(11) 按住 Ctrl 键,使用【表格】工具选中需要填充的单元格,然后使用与步骤(9)相同的操作方法,将其背景色设置为 C:0 M:5 Y:20 K:0,如图 10-45 所示。

图 10-45 填充单元格(3)

10.4.6 添加图形、图像

绘制好表格后,用户可以在一个或多个单元格中添加图形、图像。其操作方法非常简单,打开需要添加的图形、图像后,选择【编辑】|【复制】或【剪切】命令,然后选中表格中的单元格,再选择【编辑】|【粘贴】命令即可在单元格中添加图形、图像,如图 10-46 所示。

图 10-46　添加图像

⑩.5　上机练习

　　本章的上机练习通过制作景点宣传单，使用户更好地掌握创建表格、编辑表格以及向表格中添加图像的基本操作方法及技巧。

　　(1) 在 CorelDRAW X8 的标准工具栏中，单击【新建】按钮，打开【创建新文档】对话框。在对话框的【名称】文本框中输入"旅游推广宣传单"，在【大小】下拉列表中选择 A4 选项，然后单击【确定】按钮新建文档，如图 10-47 所示。

　　(2) 选择【表格】|【创建新表格】命令，打开【创建新表格】对话框。在对话框中，设置【行数】为 4，【栏数】为 3，【高度】为 297mm，【宽度】为 210mm，然后单击【确定】按钮创建表格，如图 10-48 所示。

图 10-47　创建新文档

图 10-48　创建新表格

　　(3) 单击属性栏中的【选项】按钮，在弹出的下拉面板中选中【单独的单元格边框】复选框，并在【水平单元格间距】数值框中设置 2.5mm，如图 10-49 所示。

　　(4) 使用【表格】工具选中首行，并单击属性栏中的【合并单元格】按钮合并单元格，如图 10-50 所示。

图 10-49　设置表格

图 10-50　合并单元格

(5) 使用与步骤(4)相同的操作方法合并单元格，并将【表格】工具移动至单元格边框处，当光标变为双向箭头状态时，按下鼠标并拖动调整单元格大小，如图 10-51 所示。

图 10-51 调整单元格

(6) 使用【表格】工具选中单元格，右击，在弹出的菜单中选择【拆分为行】命令，打开【拆分单元格】对话框。在对话框中设置【行数】数值为 3，然后单击【确定】按钮拆分单元格，如图 10-52 所示。

图 10-52 拆分单元格

(7) 再次右击，在弹出的菜单中选择【拆分为列】命令，打开【拆分单元格】对话框。在对话框中设置【栏数】数值为 2，然后单击【确定】按钮拆分单元格。然后将【表格】工具移动至单元格边框处，当光标变为双向箭头状态时，按下鼠标并拖动调整单元格大小，如图 10-53 所示。

图 10-53 拆分单元格

(8) 按住 Ctrl 键，使用【表格】工具选中单元格，并在属性栏中单击【填充色】选项，从弹出的下拉面板中设置填充颜色为 C:25 M:95 Y:75 K:0，如图 10-54 所示。

(9) 使用的步骤(8)相同的操作方法，分别选中表格中的单元格，并设置填充色为 C:3 M:21 Y:40 K:0、C:3 M:80 Y:65 K:0、C:3 M:33 Y:25 K:0，如图 10-55 所示。

计算机 基础与实训教材系列

图 10-54　填充单元格

(10) 使用【表格】工具在单元格中单击，在属性栏中设置字体样式为黑体，字体大小为 11pt，单击【文本对齐】按钮，从弹出的下拉列表中选择【全部调整】选项。在调色板中设置文字颜色为白色，然后输入文字内容，如图 10-56 所示。

图 10-55　填充单元格　　　　　　　　　　　图 10-56　输入文字

(11) 按 Ctrl+A 组合键，选中文字内容。在属性栏中，单击【文本属性】按钮，打开【文本属性】泊坞窗。在泊坞窗中，单击【段落】按钮，设置【左行缩进】、【右行缩进】数值为 1mm，【首行缩进】为 10mm，【行间距】为 110%，【字符间距】为 20%，如图 10-57 所示。

(12) 使用步骤(11)中所介绍的操作方法添加其他文字内容，并在【文本属性】泊坞窗中设置格式，如图 10-58 所示。

图 10-57　编辑文本　　　　　　　　　　　图 10-58　添加文本

(13) 选择【文件】|【导入】命令，导入位图图像。选择【编辑】|【剪切】命令复制位图图像，然后使用【表格】工具选中要添加图像的表格，选择【编辑】|【粘贴】命令将位图图像添加到表格中，如图 10-59 所示。

图 10-59　添加图像

(14) 调整粘贴到表格中图像的大小，并使用步骤(13)中所介绍的操作方法添加其他图像文件，如图 10-60 所示。

图 10-60　添加图像

(15) 使用【表格】工具在单元格中单击，在属性栏中设置字体样式为方正黑体简体，字体大小为 36pt，单击【文本对齐】按钮，从弹出的下拉列表中选择【左】选项，单击【垂直对齐】按钮，从弹出的下拉列表中选择【居中垂直对齐】选项。在调色板中设置文字颜色为白色，然后输入文字内容，如图 10-61 所示。

(16) 使用【表格】工具选中刚输入的第二行文字，在属性栏中设置字体大小为 48pt，如图 10-62 所示。

图 10-61　输入文字　　　　　　　　　图 10-62　编辑文本

(17) 在属性栏中单击【页边距】按钮，从弹出的下拉面板中取消选中【锁定边距】按钮，设置【顶部的页边距】为 25mm，【左侧的页边距】为 100mm，如图 10-63 所示。

(18) 使用【表格】工具在单元格中单击，在属性栏中设置字体样式为方正大黑简体，字体大小为 18pt，单击【文本对齐】按钮，从弹出的下拉列表中选择【居中】选项，单击【垂直对

计算机 基础与实训教材系列

-291-

齐】按钮，从弹出的下拉列表中选择【居中垂直对齐】选项。在调色板中设置文字颜色为白色，然后输入文字内容，如图 10-64 所示。

图 10-63　设置文本

图 10-64　输入文本

(19) 使用【表格】工具选中全部表格，在属性栏中单击【轮廓颜色】选项，在弹出的下拉面板中单击【无颜色】按钮，如图 10-65 所示。

(20) 在标准工具栏中单击【保存】按钮，在打开的【保存绘图】对话框中保存文档。宣传单制作完成效果如图 10-66 所示。

图 10-65　设置表格

图 10-66　完成效果

10.6　习题

1. 在绘图文档中，制作如图 10-67 所示的表格效果。
2. 在绘图文档中，制作如图 10-68 所示的表格效果。

设计组工作人员联系单		
姓名	电话	电子邮箱
Lisa	01-9534-3785	lisa@company.com
Susan	01-9534-2481	susan@company.com
Tom	01-9534-6584	tom@company.com
Johnny	01-9238-4652	johnny@company.com
Kevin	01-3515-4023	kevin@company.com
Helen	01-3584-6835	helen@company.com
Jeff	01-5684-3584	jeff@company.com

图 10-67　表格效果(1)

图 10-68　表格效果(2)